야생초 밥상

- 저자 고유의 글맛을 살리기 위해 표기와 맞춤법은 저자의 방식을 따릅니다.
- 야생초요리에 사용된 양념재료는 모두 한살림, 초록마을, 생협에서 구입한 것들입니다.

집 앞에서 뜯어먹는 건강 힐링 레시피

야생초 밥상

권포근·고진하 지음

꽃자리

야생초는 곧 약초

흔한 것이 귀하다

잡초비빔밥

고진하

흔한 것이 귀하다.

그대들이 잡초라 깔보는 풀들을 뜯어

오늘도 풋풋한 자연의 성찬을 즐겼느니.

흔치 않은 걸 귀하게 여기는 그대들은

미각을 만족시키기 위해

숱한 맛집을 순례하듯 찾아다니지만,

나는 논밭두렁이나 길가에 핀

흔하디흔한 풀들을 뜯어

거룩한 한 끼 식사를 해결했느니.

신이 값없는 선물로 준

풀들을 뜯어 밥에 비벼 꼭꼭 씹어 먹었느니.

흔치 않은 걸 귀하게 여기는 그대들이

개망초 민들레 질경이 돌미나리 쇠비름

토끼풀 돌콩 왕고들빼기 우슬초 비름나물 등

그 흔한 맛의 깊이를 어찌 알겠는가.

너무 흔해서 사람들 발에 마구 짓밟힌

초록의 혼들, 하지만 짓밟혀도 다시 일어나

바람결에 하늘하늘 흔들리나니,

그렇게 흔들리는 풋풋한 것들을 내 몸에 모시며

나 또한 싱싱한 초록으로 지구 위에 나부끼나니.

"와, 벌써 봄이 왔네!"

늦은 오후에 마을의 농로를 함께 산책하던 남편이 소리쳤습니다. 겨우내 얼어 붙었던 땅이 이제 막 풀리기 시작하고 있어 "봄이 왔네!"라는 남편의 호들갑이 실감이 나지 않았지만, 나는 남편이 손으로 가리키는 쪽을 유심히 바라보았죠. 햇빛이 잘 드는 논둑, 거기 봄의 어린싹들이 배밀이하듯 돋아나고 있었습니다. 꽃다지! 나는 남편 곁에 쪼그리고 앉아 뾰족뾰족 돋아나고 있는 어린싹을 보물인 양 쓰다듬었죠. 어서 자라거라. 무럭무럭 자라거라!

얼마나 기다려온 봄이던가요. 야생의 풀을 뜯어먹고 사는 우리 가족은 겨우 내 봄을 그리워했거든요. 푸른 야생초가 그리울 때면 지난해 여름에 뜯어서 냉장고에 저장해둔 야생초 묵나물이나 야생초 절편을 먹으며 그리움을 달랬습니다. 그러니 혹한의 겨울을 장하게 이겨내고 돋아나는 풀들이 반가울 수밖에 없었죠.

우리 가족이 야생초요리를 먹기 시작한 건 벌써 여러 해가 되었습니다. 우리가 식용으로 삼는 야생초는 대부분 흔한 것들입니다. 우리 집 주위나 텃밭 가까이 있는 것들이죠. 예컨대 질경이, 개망초, 토끼풀, 민들레, 쇠비름, 환삼덩굴 등 아주 구하기 쉬운 것들입니다. 아무리 뜯어 먹어도 야생초들은 계속 돋아나죠. 야생초들은 이처럼 생명력이 강하고, 영양가도 살아있고, 약성도 뛰어납니다. 이런 특성을 발견한 우리 가족은 야생초요리를 개발하고 널리 보급하는 것을 사명처럼 여기게 된 겁니다. 야생초요리를 해 먹으면서 이전보다 훨씬 더 강건해지기도 했고요.

야생초요리는 아직 낯설게 여겨집니다. 사람들은 야생초로 요리하는 것을 어렵다고 생각하죠. 하지만 이 책을 보시면, 야생초요리가 결코 어렵지 않다는 걸 알게 될 겁니다. 저는 이번 책에서 된장, 고추장, 간장 등 기본 양념만으로 요리할 수 있는 레시피를 제시했습니다. 요리에 재능이 부족한 남편조차 제가 일러주는 레시피를 듣고 자기 손으로 야생초요리를 자주 해 먹고 있습니다.

우리는 이 책에서 '우리 몸의 질환'에 따라 야생초요리를 배치했습니다. 야생초가 뛰어난 약성을 지니고 있음을 강조하고 싶었고, 독자들이 자기 몸의 필요에 맞는 야생초를 선택할 수 있도록 돕고 싶었죠. 어떤 약초학자는 우리 주변에 흔한 야생초 20가지만 알면 모든 병을 고칠 수 있다고 단언하기도 합니다. 실제로 우리 가족은 몇 년간 야생초를 뜯어 먹으면서 그 놀라운 약성을 몸으로 체험하기도 했답니다.

오늘 우리는 불행하게도 식량위기에 직면하고 있습니다. 지구온난화로 인한 기후변화, 조류독감 같은 전염병의 창궐로 먹거리 문제가 점점 심각해지고 있죠. 이런 현실을 생각하면 마음이 울가망해지지만, 저는 야생초야말로 식량위기의 대안이라고 확신합니다. 실제로 지난겨울 채소값이 폭등하고 달걀을 구입하기가 어려웠지만, 지난여름에 냉동 비축해둔 야생초로 우리 가족은 겨울을 어렵지 않게 날 수 있었습니다. 재료비 0원의 야생초요리, 폭등하는 식품비

의 확실한 대안이랍니다.

사람들이 야생초를 폄하하여 잡초라 부르는데, 야생초는 '그 가치를 인정받지 못하는 식물'로 여겨지지요. 하지만 우리 가족은 매일 야생초를 뜯어 먹으며 그 가치를 입증했습니다. 식재료비를 줄이고, 건강을 되찾고, 몸과 마음이 정화되는 경험을 통해 영성을 드높일 수 있었습니다. 몸과 마음을 낮춰야 뜯을 수 있는 야생초를 통해 버림받고 소외된 이웃과 소통할 수 있는 자비의 에너지도 얻었죠.

이제 야생초요리는 명실공히 세계적 트렌트입니다. 기존 재료로는 새로운 요리를 만들 수 없으니까요. 이미 선진국의 셰프들도 야생초요리로 눈길을 돌리고 있죠. 우리는 까맣게 잊고 살았지만, 사실 우리 선조들은 아주 오래전부터 야생초요리를 즐겼습니다. 늦었지만 이제라도 야생초의 놀라운 가치에 주목해야 합니다.

이 책을 준비하며 우리는 세상에 큰 빚을 졌습니다. 앞서 우리가 낸 책을 보고 칭찬과 격려를 보내준 수많은 독자, 우리보다 앞서 야생초의 세계에 주목한 여러 민간학자들의 연구도 큰 도움이 되었습니다. 그리고 우리 가족의 자연친화적 삶과 영성에 주목하고 기꺼이 이 책을 출판해준 꽃자리 출판사 한종호 대표께도 고마운 마음을 전합니다.

원주 명봉산 아래 불편당에서

권포근 · 고진하

Part 01
소화 기능을 돕는 요리

Part 05

심혈관계에 좋은 요리

Part 06

뼈를 튼튼하게 하는 요리

Part 13

면역력 강화를 위한 요리

야생초에 관한 재미있는 이야기

야생초 채취시기 및 채취방법 · 216

왜 야생초를 먹죠?

"먹거리가 지천인데, 왜 야생초를 먹죠?"

야생초를 먹는다고 하면 사람들은 이상하다는 듯 고개부터 갸웃하죠. 그리고 먹을 게 흔하고 흔한데 왜 하필 야생초를 뜯어 먹느냐고 묻습니다. 사실이 그렇습니다. 시장이나 마트에 가보면, 때깔 좋은 먹거리들이 산더미처럼 쌓여있으니까요.

오늘날 시장의 먹거리들은 대부분 오염되어있습니다. 쌀, 밀, 보리, 콩 등 우리가 주식으로 사용하는 농산물들은 사람 몸에 유해한 제초제와 각종 농약 등으로 오염되어있죠. 채소나 과일도 마찬가지입니다. 잘 포장되어있고 때깔 좋은 것일수록 더 많이 오염되어있을 확률이 높습니다.

더욱 심각한 것은 수입농산물로 만든 식품들입니다. 혹시 유전자조작농산물 (GMO)에 대한 얘기는 들어보셨나요? 오늘날 우리가 마트에서 사 먹는 식품들 대부분이 유전자조작농산물로 만들어진 것들입니다. 우리가 흔하게 먹는 라면, 빵, 각종 과자, 음료수 등이 수입된 유전자조작 농산물로 만들어졌고, 요리에 없어서는 안 될 된장, 고추장, 간장 등도 그렇습니다.

농약의 유해성은 많은 이들이 알고 있는데, 유전자조작농산물의 유해성에 대해서는 잘 알지 못합니다. 유전자조작농산물을 지속적으로 먹을 경우, 유방

암, 대장암 등 각종 암을 비롯한 수십 종류의 질병에 노출될 수 있다고 합니다.
오늘날 한살림이나 두레생협 등 유기농식품을 파는 매장이 계속 늘어나는 것
도 건강한 먹거리에 대한 관심 때문일 것입니다. 우리가 먹는 것이 곧 우리 몸
을 만드니까요.

우리가 야생초를 먹고 야생초요리를 연구하여 소개하려는 이유도 바로 이 때
문입니다. 야생초는 인공이 전혀 가미되지 않은 천연의 식재료입니다. 또한 야
생초는 강인한 생명력을 지녔습니다. 그러므로 야생초요리를 먹는 것은 야생
초의 강한 생명력을 우리 몸으로 흡수하는 것이죠. 야생초들은 저마다 뛰어난
약성을 가지고 있어, 야생초를 먹으면 몸의 면역력을 드높이고, 점점 더 늘어
나는 질병의 고통에서 벗어나 건강한 삶을 영위할 수 있습니다. 그래서 우리
가족은 야생초를 하늘이 선물로 내려준 '신들의 음식'이라 부른답니다.

밥상은
약상藥床입니다

우리가 뜯어 먹는 야생초는 모두 놀라운 약성을 지니고 있습니다. 길을 걷다 발에 밟히는 질경이, 이른 봄에 가장 먼저 꽃을 피우는 꽃다지, 광대나물, 제비꽃, 농부들이 고약하게 여기는 환삼덩굴, 새삼, 돌콩 등이 모두 뛰어난 약초들입니다. 놀라운 것은 이런 야생초들이 사람들이 사는 집 부근이나 논밭 가에 돋아난다는 사실입니다.

야생초를 연구하다가 참으로 신비로운 사실도 발견했죠. 우리 집은 뒤란에 물이 나는 작은 샘이 있는데요. 거기서 솟는 물이 집 안으로 들어오는 것을 막기 위해 집 주위로 수로를 파놓았습니다. 그래서인지 집 안에 습기로 인한 병을 치료하는 풀들이 자랍니다. 예컨대, 무릎 관절염에 좋은 우슬초 같은 풀들 말입니다. 참 신비롭지 않나요. 습기가 많아 생기는 병을 치료할 약초들이 습기 많은 땅에서 자란다는 사실!

사람들은 하찮게 여기는 야생초들이 뛰어난 약성을 지니고 있음에 자주 놀라곤 합니다. 몇 가지만 예를 들면, 식물들 가운데 오메가3가 가장 많은 쇠비름은 심혈관계 질환에 좋고, 환삼덩굴은 고혈압에 탁월한 효능이 있으며, 여름에 논밭 가에 무성히 자라는 왕고들빼기는 소화 기능에 아주 좋은 풀입니다. 봄에 나는 곰보배추나 꽃다지는 폐 질환에 탁월한 효능이 입증되었고, 토끼풀이나 까마중은 피부 질환에 매우 좋은 풀이죠. 그리고 길가에 자라는 질경이는 이뇨작용을 돕습니다.

우리 가족은 이런 약성을 알기에 여러 종류의 야생초를 뜯어 각종 요리를 해 먹습니다. 여러 야생초를 뜯어 요리를 해 밥상에 올리면, 우리 집 밥상은 곧 '약상'이 되죠. 그래서 밥상을 받을 때마다 천연의 약을 선물로 주시는 하늘에 감사하는 기도를 올리곤 합니다.

야생초는
생존요리의 귀한 재료입니다

지구온난화로 인한 기후변화는 인류의 식량문제를 점차 악화시키고 있습니다. 우리나라의 경우, 아직 쌀은 남아돈다고 하지만 밀, 보리, 옥수수, 콩 등은 자급을 못하고 거의 수입에 의존하고 있죠. OECD 국가 가운데 우리나라는 가장 낮은 곡물 자급률을 보이며, 해외 의존도가 높은 농축산물 수입 구조를 가지고 있습니다.

우리가 식량을 의존하는 나라들이 자국의 안보를 위해 점차 보호무역주의를 표방하고 있고, 설상가상으로 그들이 식량을 전략 무기화한다면, 식량의 자급 구조를 확보해놓지 못한 우리로서는 머잖아 엄청난 시련에 직면할 수도 있습니다.

더욱이 지구의 생물 다양성이 붕괴되고 먹거리가 턱없이 부족해지는 상황에 직면한다면, 우리는 당장 생존 자체를 걱정해야 할지도 모릅니다. 과거에 우리 조상들은 나라에 전란이 있거나 흉년으로 먹을 것이 없어 고통받을 때 '구황작물'로 야생초를 뜯어 먹으며 삶을 영위했다는 기록이 있습니다.

오래 전 어머니에게 들은 적도 있는데, 6·25 전쟁이 터졌을 때 먹을 게 없어 칡을 캐 먹거나 메꽃 뿌리로 연명했던 적도 있었다고 합니다. 요즘 젊은이들은 잘 모르지만, 개망초나 왕고들빼기, 쇠비름이나 명아주 같은 야생초들도 겉절

이나 국거리 재료로 활용했었다는 거죠.

이런 점들이 바로 우리가 야생초에 주목해야 할 까닭입니다. 먹을 수 있는 야생초를 뜯어 요리할 수 있다면, 야생초는 식량위기의 한 대안이 될 수 있다고 확신합니다.

또한 야생초는 생존을 위한 요리재료로 사용할 수 있다는 것입니다. 세상에 굶주림보다 더 큰 고통은 없습니다. 하지만 야생초가 들판에 널려 있어도 알지 못하면 뜯어먹을 수 없습니다. 따라서 야생초에 대해 열심히 공부하고 더 나아가 야생초로 요리하는 법도 미리미리 익혀두면 생존의 위기가 닥쳐와도 거뜬히 넘길 수 있겠지요.

우리가 쓸모없다고 여겨온 야생초의 쓰임새를 새롭게 발견할 수 있다면, 야생초는 식량위기로 고통받는 인류의 새로운 희망이 될 수 있습니다.

야생초요리는
당신의 몸과 영혼을 살립니다

현대인은 먹거리에 대한 관심이 많습니다. 낯선 곳을 여행하면 스마트폰으로 맛있는 식당부터 검색하죠. 이처럼 먹거리에는 관심이 많지만, 건강한 음식을 찾아 먹기란 쉬운 일이 아닙니다. 먹거리가 심각하게 오염되어있기 때문이죠. 사람들이 좋아하는 음식들은 대체로 자극적인 것들입니다. 달고 맵고 짠 음식들이죠. 이처럼 자극적인 음식에 길들여지면 우리 입은 계속해서 더 자극적인 것을 찾게 됩니다. 예컨대, 피자를 먹으면 콜라를 먹고 싶고, 치킨을 먹으면 맥주를 마시고 싶듯이!

야생초요리는 전혀 자극적이지 않고 순한 음식입니다. 순한 음식이기에 몸을 부드럽게 하고 심신을 정화해줍니다. 제 경험으로는 야생초요리를 먹으면 무엇을 더 먹고 싶은 욕망이 사라집니다. 왜냐고요? 야생초요리는 원재료인 야생초가 인공이 가미되지 않은 천연의 재료이고, 우리의 전통에서 비롯된 된장, 고추장, 간장 같은 순수 발효 양념만 사용해서 간을 하기 때문이죠. 자연인 우리의 몸은 인공이 가미되지 않은 천연의 음식을 좋아합니다.

음식을 받아들여 소화시키는 우리의 입부터 항문까지가 다 자연입니다. 우리가 자연 그 자체인 몸에 오염된 먹거리를 투입하면 우리 몸이 얼마나 고통받겠습니까. 몸만 아니라 우리의 정신도 혼탁하고 혼미해집니다.

우리 가족들은 야생초요리를 먹으며 몸과 마음이 정화되는 경험을 했습니다. 마음이 정화되니까 덧없는 욕심도 일어나지 않습니다. 이것이 바로 야생초를 먹음으로써 내 안에서 조용히 일어나는 치유가 아니겠습니까.

굳이 고요한 숲이나 힐링센터를 찾아가지 않아도, 천연의 재료로 만든 야생초요리를 섭취할 수 있다면, 몸과 마음이 치유되는 놀라운 경험을 할 수 있을 것입니다.

우리 존재의 영성을 드높이는 일, 그것은 건강한 먹거리를 선택하는 것과도 밀접한 관계가 있습니다. 오늘날 우리의 삶이 천박하고 황폐해진 것은 오염된 먹거리와 무관하지 않습니다.

화초는 사람이 키우지만 들판의 야생초는 하느님이 키웁니다. 우리가 야생초에 눈만 뜰 수 있다면, 하느님이 키우시는 그 야생초가 우리 몸과 영혼을 더 강건하게 할 것입니다.

밥상은 약상

야생초 밥상

포근 여사의
계량법

한 움큼

한 줌

반 줌

1T(한 큰술)

½T(반 큰술)

1과 ½T(한 큰술 반)

1t(티스푼)

1L(리터)

1컵

채취 TiP

1 야생초도 하나의 생명이라는 것을 자각한다.

2 야생초는 정복해야 할 대상이 아니라 함께 공존해야 할 대상이기 때문에
　 모르는 야생초라도 함부로 뽑지 않는다.

3 자신이 모르는 야생초는 절대 뜯어 먹지 않는다.

4 야생초의 보존을 위해 어린 것들은 더 크게 놔둔다.

5 야생초가 무리지어 있을 때는 솎아내듯이 뽑는다.

6 야생초의 어린잎을 계속 섭취하려면 줄기와 순을 자주 쳐준다.

7 야생초를 채취할 때는 욕심내지 말고 먹을 만큼만 감사하는 마음으로 뜯는다.

8 논가나 밭가에 나는 야생초는 농약이나 제초제에 오염되어있을 수 있으므로 주의한다.

9 욕심내어 뜯어서 냉장고에 저장하지 않는다.

10 풀숲에는 해충이나 뱀이 있을 수 있으므로 긴소매의 옷과 긴바지, 장화를 신고 뜯는다.

요리 TiP

1 야생초요리를 할 때는 소금, 식초, 소주를 넣은 물에 잠시 담가 살균해서 쓴다.

2 야생초무침요리를 할 때는 먹기 직전에 무치고 보관하지 않는다.
   오래 보관하면 맛이 달라진다.

3 간을 할 때는 단순하게 된장, 고추장, 혹은 간장으로 양념하여 야생초의 약성을 높인다.

4 이른 봄에 야생초를 데칠 때는 물이 끓기 시작하면 10초 안에 건져낸다.
   오래 데치면 영양가가 파괴된다.

5 야생초요리를 할 때는 풀들끼리의 조화가 잘 되기 때문에 여러 종류를 섞어서 하면 좋다.

6 약성을 구분해서 요리를 하면 건강을 회복하는 데 도움이 된다.

7 된장, 고추장, 간장으로 양념을 할 때는 살아있는 유익균을 섭취하기 위해
   가급적 끓이지 않는다.

8 야생초요리를 할 때는 원재료의 맛을 살리기 위해 인공조미료를 사용하지 않는다.

9 야생초를 삶아서 냉동하거나 장아찌를 담거나 설탕에 재워두거나 말려두면
   필요할 때 요긴하게 쓸 수 있다.

10 야생초요리를 할 때는 자연이 무상으로 주신 것이니 감사하는 마음으로 요리한다.

우리 몸의 증상에 따른
야생초요리

'음식은 곧 약(食卽藥)'이라는 말이 있다. 이것은 물론 좋은 재료를 가지고 정성 들여 만든 음식에 해당하는 말이다. 우리가 늘 이런 좋은 음식으로 섭생한다면 병원에 갈 일이 많이 생기지 않을 것이다.

언제부터인가 우리는 주위에서 자라는 야생풀을 뭉뚱그려 잡초라 부른다. 이것은 우리가 식물을 이용하는 법을 잊어버리면서 식물의 가치도 잊어버렸다는 말과 다르지 않다. 우리는 마트에서 돈을 주고 사먹는 채소에만 가치를 두고 짓밟히는 야생초는 식용 대상에서 제외해버렸다.

본래 인류는 야생초가 식용뿐만 아니라 약용식물의 가치도 함께 지니고 있다는 것을 오래전에 발견했다. 아프리카 원주민들도 야생초를 식용 및 약용으로 사용해왔다는 기록이 전해져 오고 있을 정도이다. 따라서 나는 이 책에서 야생초가 지닌 뛰어난 약성에 착안하여 우리 몸의 증상에 따른 레시피를 만들었다.

오늘날 현대인은 숱한 질병에 시달리고 있다. 더욱이 오염된 먹거리는 질병의 증가를 더욱 부채질하고 있다. 우리가 천연의 건강한 먹거리인 야생초를 이용할 수 있다면 굳이 돈을 들이지 않고도 건강을 지

킬 수 있을 것이다.

나는 야생초요리들을 편의상 우리 몸의 증상에 따라 분류했다. 그러나 야생초들이 한 가지 약효만 지니고 있는 것은 아니다. 하나의 야생초가 여러 약성을 동시에 지니고 있는 경우가 대부분이다. 즉 우리 몸에 생기는 병의 한 증상을 치료하는 야생초가 다른 증상에도 약성을 발휘한다는 것이다.

덧붙이고 싶은 점은 어떤 특정한 야생초가 어떤 질환에 좋다고 하여 한 종류의 야생초만 사용하지 말고 여러 야생초를 함께 사용하라는 것이다. 그러면 여러 야생초들이 시너지 효과를 발휘할 수도 있다. 맨 마지막 장에 면역력을 강화해주는 야생초모듬요리가 그 예라고 할 수 있다.

개망초

왕고들빼기

쇠별꽃

소루쟁이

고마리

수영

Part 01

소화 기능을 돕는 요리

위와 비장은 우리가 먹은 음식을 소화한 후 몸에 필요한 영양소로 바꾸고, 불순물을 걸러내며, 체내의 물을 순환시키는 작용을 한다. 이러한 작용을 잘할 수 있도록 돕는 야생초들이 있다. 개망초, 왕고들빼기, 쇠별꽃, 고마리, 수영이 있고, 이외에도 소루쟁이, 명아주, 차풀, 별꽃, 지칭개, 민들레 등도 음식으로 만들어 먹었을 때, 소화가 잘 되어 위가 편안해지며 마음까지 이완된다. 특히 수영은 위궤양, 위처짐, 소화불량을 치료하고 위장을 강화하는 데 놀랄 만한 약효가 있음이 밝혀졌다. 위나 비장은 황색을 좋아하므로 야생초요리를 할 때 된장을 양념재료로 쓰면 더욱 효과를 얻을 수 있다. 또한 생각이 많고 스트레스를 많이 받는 사람은 소화 기능이 떨어지기 쉬운데, 그런 이들에게 위의 야생초들이 도움이 될 것이다.

개망초 달걀찜

집에서 간편하게 해 먹을 수 있는 달걀찜. 그런데 문제는 달걀의 비린내야.
이 비린내를 잡을 수 있으면 금상첨화일 텐데.
순간, 나는 호기심이 발동해 뒤란에 자라는 개망초를 뜯어 넣고 요리를 해봤어.
새로운 달걀찜을 시식한 아들.
"여기 뭘 넣었길래 비린내도 안 나고 국물 맛이 이렇게 시원하죠?"
흐흐, 공짜론 안 갈켜주지롱. ^^

재료 🌿

달걀 3개
어린 개망초 약간
북어포 3~4가닥
물 2컵 반
맛간장 2t
소금 ½t

포근 여사의 테라피 🍁

개망초는 해열과 해독작용을 하며
소화를 돕고, 혈당이 높은 사람이
꾸준히 먹으면 좋다.

1 달걀과 북어포를 준비하고, 개망초는 깨끗이 씻어 물기를 뺀다.

2 달걀에 맛간장과 소금을 넣고 잘 풀어준다.

3 개망초와 북어포를 썰어서 2의 달걀에 넣는다.

4 물이 끓는 냄비에 넣어서 5분간 중탕한다.

Tip   봄에는 개망초를 넉넉히 넣어도 쓰지 않으나 여름 개망초는 쓴맛이 난다.
      요리에 쓸 땐 어린잎을 사용하고, 파 대신 조금만 넣는다.

개망초
요거트

이따금 변비로 고생하는 나는 요거트를 만들어 먹지.
그런데 우유 비린내를 싫어해 요놈을 어떻게 잡을 수 있을까 고민하다가
개망초 가루를 섞어 요거트를 만들어보았지.
놀랍게도 개망초가 우유 비린내를 싹 잡아주고 은은하고 달콤한 향이 나더라구!

재료 ❀

개망초 말린 가루 2t · 우유 · 플레인 요거트 · 빈 용기

1

2

3

1 용기에 우유를 넣고 요거트 5t(푹 떠서)를 넣는다.

2 개망초 가루 2t를 넣고 잘 저어준다.

3 요구르트 제조기에 넣고 타이머를 8~9시간으로 설정한다.
   뚜껑을 덮고 숙성되기를 기다린다.

왕고들빼기
녹즙

왕고들빼기는 뜯어다 쌈을 싸 먹기도 하지만 오늘은 녹즙을 내려먹기로 했지.
소화 기능이 떨어질 때 해주면 가족들이 아주 좋아하거든.
"야생초로 만든 녹즙이 이렇게 맛있을 줄이야!
풀 비린내도 쓴맛도 전혀 나지 않고 시금치 녹즙에 버금가는 맛이네요."
어때, 속이 편해지지, 응?

재료 🍂

왕고들빼기 한 줌 반
사과 3개

포근 여사의 테라피 🍃

왕고들빼기는 식욕을 돋우고
유선염, 인후염, 편도선 염증에 효험이 있다.
암을 예방해주는 토코페롤 성분과
사포닌 성분이 풍부하여 혈액순환을 돕고,
소화기관을 튼튼히 한다.
특히 몸이 찬 소음인에게 좋은 풀이다.

1 왕고들빼기잎을 깨끗이 씻어 식초물에 5분간 담가둔다.
2 1을 한 번 더 헹궈 건지고 사과도 잘게 썰어서 준비한다.
3 녹즙기에 넣어서 즙을 내린다.
4 그릇에 담기 전에 뜨는 거품을 걷어낸다.

쇠별꽃 무침

옛 기록에도 쇠별꽃을 식용했다는 기록이 나오지.
옛날 사람들도 맛있는 건 귀신같이 알았던 것 같아.
씹으면 아삭아삭하고 뒷맛이 달짝지근하면서도 고소한 것이
취나물에 버금가지.

재료 🌿
쇠별꽃 한 줌

양념재료 🌿
집간장 2t
파·깨 약간
들기름 ½T

포근 여사의 테라피 🌿
쇠별꽃은 소화와 혈액순환을 돕고,
어혈을 없애주며,
자궁병, 복통, 심장병에도 쓰인다.

1 씻어 건진다.
2 끓는 물에 1분간 살짝 데친다.
3 찬물에 헹궈 물기를 꼭 짠다.
4 양념재료를 넣고 무친다.

소루쟁이 생채절이

텃밭이나 논둑에도 흔한,
이른 봄엔 자줏빛이었다가 차츰 초록빛으로 변하는 소루쟁이.
난 반찬거리가 마땅치 않으면
소루쟁이를 뜯어다 생채절이를 하지.
입맛이 고급스러워 칭찬을 잘하지 않는 아들이 오늘따라 기특하게 구네.
"엄마, 미끈거리지 않고 아삭아삭 씹히는 것이 입맛을 돋우네요."
그래, 그렇게 더러 칭찬도 해야 엄마도 요리할 맛이 나지. ^^

재료 🌾
어린 소루쟁이 한 움큼

포근 여사의 테라피 🍂
소루쟁이는 피부 질환과 소염진통제로 쓰이고,
변비, 소화불량에 도움이 되며, 항암작용을 한다.

양념재료 🌿
고추장 ½T · 진간장 2T
설탕 2T · 고춧가루 1T
감식초 ½T · 통깨 ½T
물 3T

1

2

3

1 어린잎을 깨끗이 씻어 건진다.
2 파는 잘게 썰고 마늘은 다져서
  양념재료를 모두 섞는다.
3 1을 접시에 담고 양념장을 얹는다.

Tip 소루쟁이는 초산 성분이 들어있으므로 한꺼번에 많이 먹지 않는다.

고마리 무침

서울 사는 친구가 모처럼 놀러 왔는데,
무슨 별식을 해줄까 하다가 뒤란 수로에 자라는 고마리를 뜯어 무쳤지.
얘야, 요 고마리는 주름 개선의 효능이 있대.
주름 개선이란 말에 눈을 번쩍 뜬 친구가 하는 말.
"그럼, 내가 많이 먹어야겠네.
고마리는 첨 먹어보는데, 쫄깃쫄깃하고 뒷맛이 아주 고소하구나."
그렇다고 너무 자주 오진 마. ^^

재료 🌸

고마리 한 줌

양념재료 🍀

집간장 2t
들기름 ½T
파·깨 약간

포근 여사의 테라피 🌿

고마리는 위염이나 소화불량에 좋고,
줄기와 잎은 지혈작용을 하며,
주름 개선의 효능이 있다.

1 고마리를 깨끗이 씻어 건진다.
2 끓는 물에 1분간 살짝 데친다.
3 찬물에 헹궈 물기를 꼭 짠다.
4 양념재료를 넣고 무친다.

수영 냉국

만물이 생동하는 봄에 식구들이 입맛이 없다고 하면
나는 들에 나가 수영을 뜯어 와 냉국을 해주지.
"칼칼한 수영 냉국을 먹고 나니까 입맛이 돌아오네요."
칼칼한 걸 좋아하는 우리 아들, 네가 입맛을 찾아야 우리 집이 흔들리지 않으니
많이 먹고 힘내거라. ^^

재료 🌿

수영 반 줌
물 750ml
된장 1T
청양고추 1개(각자 조절)
감식초 약간
파·마늘 약간

포근 여사의 테라피 🌿

수영은 위장병을 치료하고,
불면증에도 효과가 있으며,
관절염, 골다공증을 예방하고,
백선과 옴, 종기 치료에도 쓰인다.

1 수영을 식초물에 3분간 담갔다가 건진다.

2 재료를 모두 썬다.

3 물에 된장을 풀어서 국물을 만든다.

4 3에 썰어놓은 재료를 넣고 골고루 젓는다.

Tip 감식초를 넣으면 수영의 신맛이 훨씬 줄어든다.

수영 무침

이른 봄, 야생의 재료로 즐기는 수영의 새콤한 맛이 된장과 어우러져
느끼한 음식을 싫어하는 분들에게 안성맞춤.
유독 봄을 많이 타는 남편.
"여보, 봄기운이 물씬 나는 수영 때문인지 기운이 솟는 것 같소!"
그럼, 왜 고맙단 말은 안 하슈. ^^

재료 🌿

수영 한 움큼

양념재료 🍃
물 70ml · 된장 1T · 청양고추 1개
홍고추 1개 · 파·마늘 약간

1 수영을 깨끗이 씻어 식초물에 3분간 담가둔다.
2 한 번 더 맑은 물에 씻어 건진다.
3 그릇에 담는다.
4 된장양념을 만든다.
5 수영에 양념을 넣고 살살 버무린다.

질경이

엉겅퀴

벼룩나물

속속이풀

종지나물

지칭개

Part 02

간 기능을 좋게 하는 요리

간은 핏속에 들어있는 각종 독을 해독해 우리 몸을 보호하는 역할을 한다. 야생초에는 이런 간의 기능을 돕는 해독제가 많다. 질경이, 엉겅퀴, 벼룩나물, 속속이풀, 종지나물, 지칭개 외에도 괭이밥, 개망초, 뽀리뱅이, 달개비, 뱀딸기, 차풀, 개똥쑥, 민들레, 냉이 등은 간 기능을 튼튼하게 하고 몸속에 있는 온갖 독을 풀어주며 중금속을 몸 밖으로 내보내는 역할을 한다. 간은 신맛을 좋아하므로 식초나 레몬을 넣어서 야생초요리를 하면 피로회복과 더불어 간을 보양하는 데 도움이 된다. 또한 화를 내면 간이 상한다고 하니, 화가 나서 버럭버럭 소리를 지르고 싶은 사람과 이미 화를 내서 심기가 불편한 사람은 간에 좋은 야생초요리를 해 먹고 마음을 편안하게 해보자.

질경이 겉절이

평소 질경이로 다양한 요리를 해 먹지만 오늘은 겉절이를 하기로 했지!
정성껏 만든 겉절이를 밥상에 올려놓자 평소 입이 무거운 아들이 식감을 토설했지.
"질경이와 들깨의 향이 서로 잘 어울리고 혀끝에 착착 감겨 입맛을 돋우네요."
히히, 그러니까 평소 엄마에게 잘 보이라구.
자주 요리해줄 테니까. ^^

재료 🍂
어린 질경이 한 움큼

양념재료 🌿
물 3T • 들깨 2T • 액젓 2T
매실효소 2T • 고춧가루 1T
청양고추 2개 • 감식초 ½T
통깨 ½T • 파·마늘 약간

포근 여사의 테라피 🍃
질경이는 눈을 밝게 하고, 간을 치료하며,
혈관을 튼튼하게 한다.
만병통치약으로도 불리는 질경이를
뿌리째 달여 먹으면 혈당 조절이 잘된다.

1

질경이를 깨끗이 씻어 식초물에 담근다.

2

1을 건져서 물기를 빼고
파, 마늘, 청양고추를 잘게 썬다.

3

그릇에 질경이를 담고 모든 양념을 넣어
살살 버무린다.

질경이
튀김

밟혀도 다시 일어나는 야생초의 근성이 튀김을 해도 빳빳하게 살아있지.
모처럼 애들 고모님이 오셨길래 질경이로 별식을 해놓았어.
"평소 길바닥에 너무 흔해빠져서 눈길도 안 줬는데,
향이 은은하고 뒷맛이 달짝지근한 게 담백하네."
형님, 질경이는 약성도 뛰어나요!

재료 🌱

질경이 30장 • 튀김가루 5T(푹 떠서) • 물 1컵 • 콩기름 약간 • 소금 약간

1 질경이를 깨끗이 씻어 건진다.
2 건진 질경이에 튀김가루 2T를 넣고 물기 없이 골고루 잘 섞는다.
3 남은 가루에 물 1컵을 부어가면서 잘 젓는다.
4 2의 재료에 3의 반죽을 입혀서 가열된 기름에 튀긴다.

질경이 샐러드

질경이 샐러드는 반드시 어린 녀석들을 뜯어서 하는 게 좋지.
질경이는 특히 들깨 향과 서로 잘 어울리는데, 거기다 유자가 들어간 소스를 얹어주면
그 상큼한 맛이 기막히지. 대추와 함께 씹는 맛도 좋고!

재료 🌿
어린 질경이 반 움큼

소스재료 🌿
유자청 1T・들깨 2T
식초 1T・매실효소 1T
대추 5알・소금 약간
물 약간

1 질경이를 깨끗이 씻어 식초물에 담갔다 건진다.
2 질경이는 물기를 빼고, 대추는 채 썰고, 유자청과 들깨를 준비한다.
3 들깨와 유자청, 약간의 물과 소금을 넣고 믹서에 간다.
4 질경이와 채 썬 대추를 접시에 담고 소스를 얹는다.

엉겅퀴 무침

냉장고에 채소가 없어도 난 걱정 안 해. 집 주위에 먹을 게 지천이니까.
오늘도 뒤란에 저절로 난 엉겅퀴잎을 칼로 베어 된장 무침을 해보았지.
"맛이 약간 쌉스레하긴 하지만 먹고 나니, 몸이 정화되는 것 같군."
곰살맞은 남편이 하는 요런 말을 들으면 새로운 요리 본능이 살아난다니까!

재료 🌿

어린 엉겅퀴 두 줌
소금 약간

양념재료 🌿

된장 2T
파·마늘·깨 약간

포근 여사의 테라피 🌿

엉겅퀴는 해독 기능이 있고,
간경화, 황달 등의 간 질환과 이뇨, 소염,
노화방지와 관절염에도 쓰인다.

1 엉겅퀴를 깨끗이 씻어 건진다.

2 끓는 물에 소금을 넣고 2분간 데친 뒤 찬물에 헹군다.

3 도마에 꼭 짠 엉겅퀴를 놓고 3cm 간격으로 썬다.

4 그릇에 담고 양념재료를 넣어서 골고루 무친다.

Tip 소화기능이 약한 사람은 잎에 붙은 가시를 잘라내고 요리한다.

벼룩나물
샐러드

벼룩나물, 이름은 이상하지만 맛이 순해 나물로 손색이 없지.
샐러드를 해서 밥상에 올리자 아무 말들도 않고 그냥 먹기만 하는 거야.
그럼 안 되지, 식감을 말하라구. 내 성화에 못 이겨 딸이 하는 말.
"오미자 향이 벼룩나물과 잘 어울리네요.
엄마, 자주 좀 해주세요. ^^"

재료 🌿

벼룩나물 한 움큼
배 반 개
오미자액 2T
제비꽃
겨자채꽃 약간
소금 약간

포근 여사의 테라피 🍁

벼룩나물은 간 기능을 튼튼하게 하고,
해열, 해독, 소종의 효능이 있으며
타박상을 다스린다.

1 벼룩나물을 식초물에 1분간 담근다.
2 한 번 더 맑은 물에 헹궈서 건진다.
3 믹서에 잘게 썬 배와 오미자, 소금을 넣고 간다.
4 벼룩나물을 접시에 담고 3을 얹는다.

Tip 벼룩나물은 털이 없고 잎 끝이 뾰족뾰족하다. 씹으면 약간 단맛이 난다.

속속이풀은 너무 맛있어서 그런지 벌레들이 엄청 꼬이지.
데치는 냄새를 맡으면 고춧잎 삶는 냄새가 약간 나.
요리를 해서 밥상에 올리자 식감에 예민한 딸이 하는 말.
"맛이 부드럽고 연해서 훌륭한 나물 수준이네요."
그래, 그렇다니까!

속속이풀 무침

속속이풀 한 줌

양념재료 🍀

집간장 2t
들기름 ½T
파·깨 약간

포근 여사의 테라피 🍂

속속이풀은 피를 맑게 하고,
이뇨, 종기, 급성간염으로
황달에 걸렸을 때 효과적이다.

1 속속이풀을 깨끗이 씻어 건진다.
2 끓는 물에 살짝 데친다.
3 찬물에 헹궈 물기를 꼭 짠다.
4 양념재료를 넣고 무친다.

종지나물 국

미국제비꽃으로도 불리는 종지나물.
우리 마당에도 많이 자라는데, 국거리가 마땅치 않으면 된장을 넣어 국을 끓이지.
고봉밥을 국에 말아 게 눈 감추듯 먹고 난 아들.
"아욱국 같은 느낌이 나고 국물 맛이 정말 시원하네요."
언제든 먹고 싶으면 말만 해. ^^

재료 🌸

종지나물 한 움큼 · 굵은 멸치 20마리 · 된장 · 청양고추 · 파

1

멸치를 10분간 끓여서 국물을 우려낸다.

2

종지나물과 된장을 넣고 끓인다.

3

파와 청양고추를 넣고 한소끔 더 끓인다.

Tip 몸이 차고 약한 사람은 많이 먹지 않는 게 좋다.

지칭개 무침

양지바른 곳을 좋아하고 잎은 쓰지만 뿌리는 달큰한 지칭개.

지칭개 뿌리로 요리를 만들어 점심상에 올려보았지.

지칭개 요리를 처음 맛본 남편.

"아작아작 씹히는 것이 꼭 도라지를 먹는 것 같네."

다음엔 힘 좋은 당신이 좀 캐다 줘요.

잎을 며칠 물에 우려내어 된장국을 끓이면

쑥국 맛이 나기도 하지.

재료 🌿

지칭개 한 움큼
고추장 1T
설탕 ½T
식초 ½T
마늘 2톨
파 약간

포근 여사의 테라피 🌿

지칭개는 몸의 독기를 빼고,
뭉친 것을 풀어주며,
혈관과 간을 튼튼하게 하고,
해독과 항암작용을 한다.

1 지칭개를 고들빼기처럼 깨끗이 손질해서 씻는다.
2 잎과 뿌리를 분리한다.
3 뿌리만 식초물에 1분간 담갔다가 건진다.
4 양념을 넣고 무친다.

Tip 쓴맛을 좋아하는 사람은 삶은 잎을 한두 번 우려내고 무쳐 먹는다.

까마중

싸리꽃

Part 03

신장 질환에 좋은 요리

신장은 생명의 원천인 정을 주관하고, 피에서 생명에 필요한 물질을 찾아 다시 몸으로 되돌려 보내며, 뼈와 골수의 생장을 주관하는 중요한 기관이다. 또한 신장은 인간의 감정 중에서 두려움을 담당한다. 따라서 겁이 많고 잘 놀라는 사람들은 짠맛 나는 음식이 도움이 된다 하니, 큰 질병이 없다면 조금 짭짤하게 먹어도 좋겠다. 신장 기능에 좋은 야생초로는 까마중, 싸리나무 외에도 새삼, 꿀풀, 돌콩 등이 있는데, 이런 풀들을 차나 음식으로 만들어 먹으면 된다.

까마중
무침

오늘 남편 친구가 갑자기 들이닥쳤어. 냉장고를 열어보니 텅 비어있지 뭐야.
그래서 텃밭에 나가보니 까마중이 눈에 들어왔어. 밥상을 차린 후 말했지.
"몸에 좋은 거니 잡숴보세요."
까마중 무침을 처음 드신 친구분 말씀.
"나물 맛이 부드럽고 순하네요. 잣이 들어가 그런가. 구수하구!"
면역력 회복에두 좋은 야생초니, 많이 드셔요!

재료 🌿

어린 까마중잎 한 움큼
집간장
잣 조금
파 조금

포근 여사의 테라피 🌿

까마중은 신장을 튼튼하게 하고,
피로회복과 면역력 증가에도 좋으며,
해독 기능과 노화를 지연시키는 효능이 있다.

1 까마중 어린잎을 깨끗이 씻어 건진다.
2 끓는 물에 살짝 데친다.
3 찬물에 헹궈 꾹 짠다.
4 양념을 넣고 무쳐서 간을 맞춘 다음, 잣을 넣어 한 번 더 버무린다.

Tip 까마중은 약간의 독성이 있으니 잎은 반드시 데쳐서 요리한다.

싸
리
꽃
전

"보기에 아름다운데,
맛도 그런가요?"
싸리꽃 전을 처음 본
아들이 물었지.
아들, 일단 먹어보고
말하라니까.
"오, 정말 이런 맛
처음이에요.
입안에 은은히 번지는
향기가
싸리꽃 향이겠죠?"
아들,
네가 그렇게 느꼈다면
이 레시피는
사람들과 공유해야 해!

재료 🌿

싸리꽃 한 줌
싸리잎 반 줌
찹쌀가루 7T
물 1컵
설탕과 소금 약간

포근 여사의 테라피 🌾

싸리나무는 신부전증,
골다공증 개선, 관절염에 좋다.

1, 2 싸리꽃과 잎은 깨끗이 씻어 식초물에 5분간 담갔다가 건진다.
3 싸리잎을 믹서에 넣고 물과 함께 곱게 갈아서 건진다.
4 싸리꽃은 키친타월로 가볍게 눌러 물기를 없앤다.
5 찹쌀가루에 소금, 설탕을 넣고 3의 싸리물을 부어가며 반죽한다.
6 한 수저씩 떠서 싸리꽃을 얹고 약한 불에 은근히 지져낸다.

싸리잎 수제비

요리라면 호기심이 충만한 나, 수제비에 싸리잎을 뜯어다 넣어보았지.
언제나 내가 만든 요리로 생체실험을 강요당하는 식구들.
그래도 불평 한마디 없이 시식한 후 남편이 식감을 멋들어지게 말했지.
"수제비의 품격을 높이셨군.
맛이 담백하면서도 쫄깃하고 싸리꽃 향이 살아있구려."

재료 ❀

싸리잎 한 줌 · 밀가루 4컵 · 굵은 멸치 20마리 · 집간장(각자 조절) · 물 1.1L · 파 약간

1 어린 싸리잎을 깨끗이 씻어 건진다.

2 1의 싸리잎은 2cm 간격으로 썰어서 물 200ml와 함께 믹서에 간 다음, 체에 거른다.

3 2에서 얻은 싸리물과 밀가루를 준비한다.

4 밀가루에 싸리물을 부어가며 반죽한다.

5 멸치물이 끓으면 반죽을 뜯어 넣고 (달라붙지 않게 저으며) 파도 함께 넣어서 익힌다.
   집간장으로 간을 맞춘다.

꽃다지

환삼덩굴

뱀밥

Part 04

폐 건강을 위한 요리

폐는 들숨 날숨을 통해서 하늘의 기운을 모으고 그것을 온몸 구석구석에 보내는 역할을 한다. 이런 폐 기능이 원활하지 못해 병이 왔을 때 도움을 주는 야생초들이 있다. 꽃다지, 소루쟁이, 환삼덩굴, 뱀밥 외에도 곰보배추, 토끼풀, 질경이, 수영, 개똥쑥, 별꽃 등은 기침, 천식, 감기, 기관지염, 폐결석에 뛰어난 약성을 발휘한다. 뱀밥의 주요 성분 중 하나인 규소는 산소를 부족하게 하는 체내 유해물질을 제거하는 효과가 있다. 또한 곰보배추는 감기가 떨어지지 않을 때 술을 담아 약으로 썼다는 민간요법이 전해진다. 폐는 인간의 감정 중에서 슬픔을 담당하는데 폐기가 상해서 자주 슬퍼하고 근심하는 사람에게는 폐기를 북돋아주는 매운 음식들이 도움이 되니, 야생초요리를 할 때 맵게 양념을 해 먹어도 좋겠다.

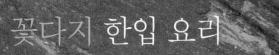

꽃다지 한입 요리

겨우내 봄을 그리워한 나에게 좁쌀 같은 노란 꽃으로 다가온 꽃다지.
요리를 하고 싶어 좀이 쑤시던 터 마침 집에 있던 재료를 섞어 새로운 요리를 만들어보았지.
"참치의 느끼한 맛을 확실하게 잡았네요. 고소하면서도 맛이 깨끗해요."
식감이 예민한 딸의 말에 난 어깨가 으쓱했지. ^^

재료 🌿

꽃다지 한 움큼
유기농 참치

양념재료 🌿

고추장 1T
오미자액 1T
마늘 1톨
파 약간

포근 여사의 테라피 🌿

꽃다지는 기침과 천식, 심장 질환으로 인한 호흡곤란,
변비, 몸이 붓는 데 쓰인다.
또한 이뇨, 거담, 변비 해소에도 좋다.

1 꽃다지를 깨끗이 손질해서 씻어 건진다.
2 끓는 물에 살짝 데친다.
3 찬물에 씻어 건진다.
4 물기를 꼭 짠 꽃다지를 접시에 골고루 펴서 담는다.
5 4의 접시에 양념재료를 섞은 고추장을 얹는다.

환삼덩굴 조림

줄기에 가시가 달려있고 생명력이 강해 농부들이 싫어하는 풀.

하지만 뛰어난 약성이 있음을 알고 새로운 요리를 개발했지.

환삼덩굴 조림을 밥상에 올리자 남편이 시인다운 감각으로 말했어.

"꼭 김자반 같구먼. 쫄깃하면서도 씹을수록 부드럽고 고소하네!"

재료 🌿

환삼덩굴 두 움큼
통깨 1T

양념재료 🌿

진간장 4T
조청 4T
포도씨유 2T

포근 여사의 테라피 🍁

환삼덩굴은 폐 질환에 쓰이고,
해열, 이뇨, 종기 치료, 고혈압 치료에도 좋다.
다만 성질이 차기 때문에
소화력이 약한 사람은 많이 먹지 않는 게 좋다.

1 환삼덩굴을 씻어 건진다.
2 물이 끓으면 30초간 데치고 찬물에 헹궈 꼭 짠다.
3 꼭 짠 것을 풀어 헤친다.
4 팬에 양념재료를 붓고 끓기 시작하면 환삼덩굴을 넣고 중간불로 조린다.
5 환삼덩굴이 졸아들면 통깨를 뿌린다.

환삼덩굴
옹심이

오늘은 딸 친구들이 놀러 와 별식을 준비했지.
내가 만든 별식을 본 딸 친구들의 반응.
"색이 아름다워요.
이 아름다운 걸 어떻게 먹죠?"
"경단을 씹으니 쫄깃쫄깃 고소하고
국물 맛이 일품이네요."
그래, 세계에 하나밖에 없는 별식이니
많이들 먹어라잉!

재료 ✿

찹쌀가루 · 흰 콩 · 환삼덩굴 · 물 · 소금

1 불린 콩은 살짝 삶은 뒤 찬물에 재빨리 헹군다.

  헹군 콩에 소금을 넣고 믹서로 곱게 갈아 콩물을 만든다.

2 환삼덩굴은 끓는 물에 2분간 데치고, 믹서에 물을 부어 갈아놓는다.

3 찹쌀가루에 2에서 갈아놓은 환삼덩굴 물을 넣고 되직하게 반죽한다.

4 동그랗게 경단을 빚는다.

5 물이 끓으면 경단을 넣고 끓이다가 경단이 떠오르기 시작하면

  1분 정도 더 삶는다.

6 경단을 건져서 찬물에 식힌다.

7 갈아놓은 콩물에 경단을 넣는다.

뱀밥 튀김

이게 뭔 재료로 한 거예요?
딸이 묻길래 말했지.
허허, 놀라지 마! 뱀밥!
잉, 뱀밥이라구요?
내가 뱀두 아닌데,
이걸 어찌 먹어요?
일단 먹어보라니까!
내 성화에
한 젓갈 집어 먹어보고는
"맛이 담백하고 순하네요,
꽃샘바람 차가운 이 봄날에
향긋한 봄을 먹다니"
너스레를 떨며
한 접시를 혼자
다 먹어버렸어.
아, 아무리 맛있어도
아빠 드실 건 남겨야지!

재료 🌿

뱀밥 한 움큼
우리밀 3T
물 1컵
소금 ½t

포근 여사의 테라피 🌿

뱀밥의 성분 중 하나인 규소는
산소를 부족하게 하는
체내 유해물질을 제거하는 효과가 있고,
만성기관지염, 이뇨, 해열작용,
방광질병에 도움이 된다.

1 뱀밥을 깨끗이 씻어 식초물에 3분간 담근다.

2 한번 더 씻어 건진다.

3 뱀밥 옆의 띠를 깨끗이 떼어낸다.

4 띠를 떼어낸 뱀밥에 밀가루 옷을 입힌다.

5 남은 밀가루에 물과 소금을 넣고 잘 저어서 4에 반죽을 입힌다.

6 가열된 기름에 튀겨낸다.

Tip 뱀밥은 성질이 차기 때문에 몸이 찬 사람은 많이 먹지 않는 게 좋다.

쇠비름

별꽃

모시물통이

Part 05

심혈관계에 좋은 요리

사람의 혈과 맥을 주도하며 평생 쉬지 않고 일하는 심장은 생명의 원천인 피를 몸 구석구석으로 공급해주는 역할을 한다. 오늘날 사람들은 이런 심장의 고마움을 자각하지 못한 채, 외부적인 것에만 관심을 기울이며 살아가고 있다. 숱한 맛집을 찾아다니는 현대인들은 맛있는 것이 심혈관계에 어떤 영향을 끼치는지 생각하지 못한 채 혀의 노예가 되어버렸다. 이런 고열량이 몸에 축적되었을 때 심혈관계의 부담을 덜어주는 고마운 야생초들이 있다. 쇠비름, 별꽃, 모시물통이 외에도 꽃다지, 질경이, 우슬초(쇠무릎), 까마중, 왕고들빼기 등은 혈액순환 개선과 심근경색, 동맥경화에 도움을 준다. 또한 왕고들빼기나 벋음씀바귀, 고들빼기 같은 풀들의 쓴맛은 심장이 매우 좋아한다. 쓴맛은 몸과 마음을 편안하게 하고 근심 걱정을 잊게 하니, 잘 웃지 못하는 사람들은 쓴맛이 나는 음식을 자주 먹는 것이 좋다고 한다.

쇠비름 냉채

쇠비름은 특유의 비린 맛과 흙냄새 때문에 사람들이 요리하길 꺼리지.

난 그런 냄새가 안 나는 요리법을 개발했어.

아들이 퇴근했길래 밥상에 올리자 하는 말.

"전혀 비리지 않고 아삭아삭한 게 국물 맛이 시원하네요!"

무더울 때 먹고 싶으면 말만 해라.

텃밭에 지천이니까. ^^

재료 🌿

쇠비름 60g
디포리(말린 밴댕이) 7마리
팽이버섯 약간
물 4컵

소스재료 🍀

와사비 3t
꿀 ½T
식초 ½T
소금 ½t
후추 ½t

포근 여사의 테라피 🌿

쇠비름은 오메가3가 많아
치매 예방과 우울증에 좋으며,
류마티스 관절염, 피부염증에 잘 듣고,
심장을 강하게 한다.
만성대장염과 위암에도 효과가 있다.

1

2

3

4

1 냄비에 물 2컵과 디포리를 넣고 10분간 끓인다(끓기 시작하면 중불로 줄인다).
2 쇠비름은 끓는 물에 1분간 데치고, 팽이버섯도 살짝 데쳐 찬물에 헹군다.
3 차게 식힌 디포리 물에 소스재료를 넣어 간을 맞춘다.
4 2를 그릇에 담고 소스와 섞는다.

쇠비름
장아찌

심혈관 계통에 좋은 쇠비름을
꾸준히 먹기는 쉽지 않지.
그래서 생각하다 장아찌를 만들었어.
밥숟가락에 장아찌를 올려 드시고 난 남편.
"여보, 아삭아삭한 식감이 살아있고
고유의 풀 비린내도 전혀 안 나네."
그렇다니까요, 내가 누구예요? 허허 참, 자뻑은. ^^

재료 ✿

어린 쇠비름 3움큼

양념재료 ✿

집간장 1컵 • 설탕 2컵 • 식초 1컵 • 말린 생강 5쪽 • 씨를 뺀 대추 10개 • 생수 800ml

1 쇠비름을 깨끗이 씻어 식초물에 5분간 담가둔다.

2 건져서 물기를 뺀다.

3 깨끗한 병에 쇠비름을 5cm 간격으로 잘라서 넣고, 생강, 대추도 넣는다.

4 큰 그릇에 생수 800ml를 붓고 양념재료를 넣어서 잘 섞는다.
　쇠비름 위에 간장물을 부어서 뚜껑을 닫고 숙성시킨다.
　숙성 기간은 자유롭게 한다.

쇠비름 고등어탕

돌아가신 엄마에게 전수받은
비리지 않은 고등어탕.
먹어보면 맛이 구수하고 얼큰하지.
입맛 까칠한 남편도
오늘따라 그릇을 싹싹 비웠다.
앗싸! 포근, 너 오늘도 성공!

재료 🌿

얼갈이배추 100g · 말린 쇠비름 반 줌 · 물 2L · 멸치 30g · 대파 1뿌리 · 마늘 2톨
생강 2쪽 · 된장 1T · 고추장 1T · 밀가루 2T

1 말린 쇠비름과 얼갈이배추를 각각 삶아서 깨끗이 헹군다.

2 헹군 얼갈이와 쇠비름을 5cm 간격으로 썬다.

3 냄비에 고등어와 멸치, 생강을 넣고 물을 부어서 푹 익도록 끓인다.

4 잘 익은 고등어를 건져서 식힌 후 가시를 골라내고 살을 발라놓는다(멸치는 골라낸다).

5 4의 고등어를 3의 국물에 넣고, 나머지 재료를 모두 넣어 끓인다(대파는 십자로 가른다).

6 5분 정도 끓이다가 밀가루 2T를 물에 개어서 붓고 휘저은 다음 한소끔 더 끓인다.

Tip 식성에 따라 청양고추나 후추를 가미한다.

별꽃 죽

전 세계적으로 널리 퍼져있는 별꽃.

이름이 별꽃이라니까 이름도 예쁜데, 그걸 먹어야 해요? 하면서도

숟가락으로 푹푹 떠먹고 난 시인 남편.

"뭐라 표현하긴 어렵지만, 별꽃 특유의 향이 있고, 맛이 맑달까?"

그래, 나도 형언할 길이 없었는데, 참 맑은 맛이지. ^^

재료 ✿

별꽃 한 줌
쌀 1컵
디포리(10 마리) 우려낸 물 1L
소금 약간

포근 여사의 테라피 ✿

별꽃은 젖이 안 나오거나
소변이 안 나올 때 먹으면 좋고
위와 장을 튼튼하게 할 뿐만 아니라
미네랄이 풍부하고
혈액을 깨끗하게 한다.

1 디포리를 끓여서 미리 육수를 준비하고 쌀도 씻어서 불린다.
2 별꽃도 깨끗이 씻어 건진다.
3 디포리 우려낸 물에 쌀을 넣고 약한 불에서 서서히 저어가며 끓인다.
4 쌀알이 적당히 퍼지면 별꽃과 약간의 소금을 넣고 한소끔 더 끓인다.

Tip
· 옛날에는 별꽃을 말려 가루로 내어 소금과 섞어 이를 닦았다고 한다.
· 별꽃에는 약간의 독이 있으므로 한꺼번에 많이 먹지 않는다.

별꽃 샐러드

별꽃은 그 이름처럼 하얀 꽃이 아주 예쁘게 피지.

별꽃으로 샐러드를 해 밥상에 올리자 딸이 고개를 갸웃하며 물었지.

"별꽃 특유의 비린내는 어떻게 잡으셨길래 이렇게 맛있죠?"

호호, 넌 야생초요리 후계자가 될 테니까 가르쳐주지. 비결은 후추. ^^

재료 🌿

별꽃 한 움큼

소스재료 🌿

사과 1개 반
머스터드소스 ⅔T
소금 ½t
후추 ½t

1 별꽃은 깨끗이 씻어 식초물에 3분간 담갔다가 건진다.

2 사과와 소스재료는 믹서에 갈아 준비한다.

3 별꽃을 접시에 담는다.

4 소스를 가장자리에 두른다.

모시물통이
무침

이게 뭘 무친 거유?
서재에서 글을 쓰다 점심 드시러 온 남편, 낯선 요리가 궁금했던 모양.
모시물통이 무친 거예요.
"쑥갓 무침하구 비슷한 맛이구먼. 그런데 뒷맛은 쑥갓보다 시원하달까!"
히히, 내가 누구요? 명색이 야생초요리가인데!

재료 ✿
모시물통이 한 줌

포근 여사의 테라피 ✿
모시물통이는 혈액을 맑게 하고,
이뇨와 소염작용을 한다.

양념재료 ✿
막장 ½T · 고춧가루 1t
들기름 ½T
파·마늘·깨 약간씩

1 모시물통이를 깨끗이 씻어 건진다.
2 끓는 물에 데친다.
3 찬물에 헹궈 꼭 짠다.
4 그릇에 담고 양념재료를 넣어 무친다.

모시물통이
쌀국수 볶음

쌀국수에 뭘 넣은 거죠? 모시물통이!
물이 많은가 보죠? 물통이라고 부르게. 그래, 맞아. 물기가 많은 풀이지.
먹기도 전에 말이 많던 딸, 일단 요리를 먹구서 하는 말.
"베트남 쌀국수보다두 맛있어요. 향기롭고 고소하고 맛이 깨끗해요."
맛만 아니라 영양가도 풍부하지, 암!

재료 🌸

쌀국수 한 줌(2인분) • 모시물통이 반 줌 • 새우 • 양파 • 칠리고추 • 청양고추
포도씨유 3T • 굴소스 2T • 설탕 1T • 맛간장 1T • 땅콩 약간

1 따뜻한 물에 쌀국수를 담가 부드러워질 때까지 불린다.

2 모시물통이도 깨끗이 씻어 식초물에 5분간 담가둔다.

3 불린 쌀국수는 건지고 나머지 재료는 썰어서 준비한다.

4 포도씨유를 두른 팬에 마른 칠리고추를 볶다가 청양고추와 양파를 함께 넣어 볶는다.

5 4의 팬에 모시물통이와 새우를 넣고 함께 살짝 볶는다.

6 5에 불린 쌀국수, 굴소스 2T, 설탕 1T, 맛간장 1T를 넣고 2분간 골고루 볶아준다.

모시물통이
고로케

서울 사는 언니가 갑자기 왔지 뭐야.
마트 갈 시간도 없어 뒤란에서 모시물통이를 한 줌 뜯어
창고에 있는 감자로 고로케를 만들었지.
"그동안 먹어본 고로케랑 다르네. 모시물통이를 넣었다고 했니?
첨 먹어보는데 고소하면서도 향기롭구나."
언니, 맛만 아니라 약성도 뛰어나다우!

재료 ✿
모시물통이 한 줌 • 감자 6알 • 달걀 3알 • 양파 1개 • 콩기름 • 빵가루 약간 • 소금·후추 약간

1 감자는 깎고 모시물통이는 깨끗이 씻어 건진다.

2 감자는 토막 내어 쪄서 으깬다.

3 그릇에 양파와 모시물통이를 잘게 썰어서 넣고 으깬 감자와 소금, 후추도 넣어서 섞는다.

4 먹기 좋은 크기로 빚어 밀가루를 입힌다.

5 4에 달걀물을 묻히고 빵가루를 덧입힌다.

6 적당히 가열된 기름에 노릇하게 지져낸다.

광대나물

우슬초

새삼

뿌리뱅이

소루쟁이

수영

Part 06

뼈를 튼튼하게 하는 요리

뼈는 우리 몸을 지지하는 기본 구조물 역할을 한다. 따라서 우리 몸의 구조물이 부실해지지 않도록 평소 뼈 관리에 정성을 기울여야 한다. 콜라나 사이다 같은 음료를 즐겨 먹으면 골밀도가 낮아지고 뼈가 삭을 수 있다. 무리한 다이어트나 편중된 식사도 뼈가 부실해지는 원인이라는 것을 명심해야 한다. 뼈를 튼튼하게 하는 야생초로는 광대나물, 우슬초(쇠무릎), 뽀리뱅이, 수영, 소루쟁이 외에도 돌콩, 새삼, 냉이 등이 있다. 고기를 먹지 않는 채식주의자들에게 권하고 싶은 야생초들이다. 특히 냉이는 사람이 생명을 유지하기 위해 필요한 거의 모든 영양소와 생명력을 지니고 있고, 새삼과 돌콩은 뼈를 튼튼하게 하는 귀한 풀들이다.

광대나물
쌈장

꽃을 보면 광대들이 입은 옷을 연상시켜 광대나물이라 부른다고 해.
꽃다지와 함께 이른 봄에 나오는 풀이지.
약간 쌉싸름한 맛이 입맛을 돋우므로 쌈장을 만들어보았지.
앞집 할머니에게 좀 가져다 드렸더니 하시는 말씀.
"취나물, 상추 등 봄나물 나올 때 이 쌈장으로 싸 먹으면 금상첨화것소!"
암요, 그렇고말고요.

광대나물 100g
물 3컵
내장을 뺀 멸치 30g
중파 1뿌리
마늘 3톨
청양고추 2개

포근 여사의 테라피 🍂

광대나물은 비타민 C와 칼슘, 칼륨이 들어있고,
혈액순환과 타박상에 좋으며,
부러진 뼈를 재결합시키는 효능이 있다.

1 광대나물을 깨끗이 씻어 건진다.
2 멸치는 믹서에 갈고 파, 마늘, 고추를 준비한다.
3 물이 끓기 시작하면 멸치가루를 넣고 2분간 더 끓이다가 나머지 재료를 모두 썰어 넣고 끓인다.
4 7분 정도 더 끓이다가 불을 끄고 50도 이하로 식힌다.
5 된장을 넣고 골고루 섞어서 냉장 보관한다.

우슬초 무침

사람들은 야생초를 나물처럼 먹을 수 있다고 하면 의아한 듯 고개를 갸웃거리지.
나는 이런 선입견을 깨주고 싶어 오늘은 우슬초를 나물 무치듯 무쳐보았어.
무쳐놓고 맛을 보니까 담백한 우슬초의 맛이 된장과 어우러져
나물로 전혀 손색이 없었어!

재료 🌱
우슬초 한 움큼

양념재료 🌿
된장 1T
들기름 약간
파·깨

포근 여사의 테라피 🍃
우슬초는 오메가3가 많아
콜레스테롤을 낮추고
관절염에 효과가 있고
암 예방, 동맥경화, 심근경색에도
효능이 있다.

1 우슬초를 깨끗이 씻어 건진다.
2 끓는 물에 2분간 데친다.
3 찬물에 헹궈 물기를 꼭 짠다.
4 양념재료를 넣고 간이 잘 배게 골고루 무친다.

우슬초·
새삼 식혜

우슬초는 관절을 튼튼하게 하고,
새삼은 뼈를 튼튼하게 하는 데 쓰이지.
그래서 남편 건강을 위해
먹기 좋은 감주를 만들어보았어.
"한약 냄새가 나는 것이
뒷맛은 아주 개운하고 감미롭구먼.
밥알도 부드럽게 잘 씹히구!"
하여간 이거 잡숫구 건강하기만 하셔요!

재료 🌿

마른 우슬초 뿌리 1컵
말린 새삼 반 줌
엿기름 3컵
설탕 2컵 반
물 3L
밥 한 공기

포근 여사의 테라피 🌿

새삼은 간과 신장을 보호하고, 눈을 밝게 하며, 양기를 돋우고,
신장 기능과 뼈를 튼튼하게 해주는 약재로 알려져 있다.
우슬초의 효능은 앞쪽에서 말한 바와 같다.

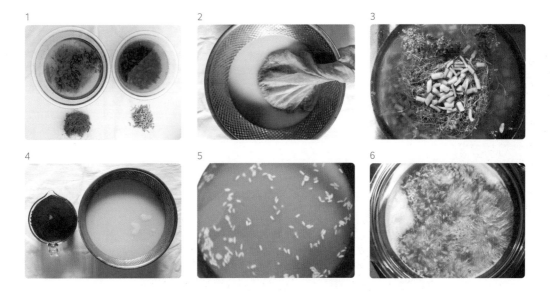

1 우슬초 뿌리와 새삼에 각각 물 750ml를 붓고 24시간 불린다.

2 엿기름 3컵에 물 1.5L를 붓고 1시간가량 불린다.

3 불린 우슬초와 새삼을 냄비에 붓고 끓기 시작하면 약한 불에서 10분간 더 끓여 식힌다.

4 엿기름은 뽀얀 국물이 나오도록 주물러서 가라앉히고 우슬초물도 맑게 거른다.

5 밥통에 우슬초와 새삼 불린 물, 엿기름의 맑은 국물을 붓고 밥을 넣는다.
   5시간 이상 보온 기능에서 삭힌다.

6 잘 삭아서 밥알이 뜨면 식혔다가 큰 냄비에 부어 끓인다.
   거품을 걷어내면서 끓이다가 마지막에 설탕을 넣어 5분간 더 끓인다.

우슬초 닭죽

날씨가 춥고 무릎이 시리면 나를 위해 끓여 먹는 우슬초 닭죽.

죽 한 그릇으로도 몸과 마음이 위로를 받지.

무릎이 씩 좋지 않은 남편도 좋아하는 요리.

죽에 들깨를 넣어서 먹으면 고소하면서도 맛있고

고기 냄새를 싹 잡아주어 먹기 거북하지 않지. ^^

재료 🌿

말린 우슬초 20g • 닭다리 1개 • 불린 찹쌀 2컵 • 물 1.5L
들깨가루 3T • 소금 약간(각자 조절)

1 말린 우슬초는 깨끗이 씻어 5cm 간격으로 잘라 실로 묶는다.
2 냄비에 우슬초와 닭다리를 넣고 끓인다.
3 물이 끓기 시작하면 중불로 줄이고, 국물이 반으로 줄어들면 건더기를 건진다.
4 3의 국물에 불린 찹쌀을 넣고 끓이다가 쌀이 퍼지면 닭다리살을 찢어 넣고 한소끔
   더 끓인다.

Tip 소음인에게 특히 좋은 음식이다.

뽀리뱅이 무침

맛이 써서 요리하길 꺼렸던 뽀리뱅이.
그런데 오늘 무쳐서 먹어보니 뒷맛이 약간 씁쓸하지만 깔끔하네.
퇴근한 아들도 먹어보고 나서 하는 말.
"어머니 손에 들어가면 무슨 풀이든 다 맛있는 요리가 되는군요."
그려, 맛있게만 먹어달라구.
또 새로운 요리를 선보여줄 테니까. ^^

재료 🌸

뽀리뱅이 한 줌

양념재료 🌿

집간장 2t

들기름 ½T

파 약간

포근 여사의 테라피 🍃

뽀리뱅이는 해열과 해독,
종기의 치료에 쓰이고
류머티즘성 관절염에 효과가 있다.

1

2

3

4

1 뽀리뱅이를 깨끗이 씻어 건진다.

2 끓는 물에 1분간 데친다.

3 찬물에 헹궈 물기를 꼭 짠다.

4 양념재료를 넣고 무친다.

소루쟁이
술

며칠 텃밭 일을 무리하게 한 남편이 무릎 관절이 아프다길래
소루쟁이로 담근 술을 작은 컵에 담아드렸지.
"약간 쌉쓰름하긴 한데, 뒷맛이 달짝지근하고 향긋하네."
약이니까 많이 드시지 말고
주무시기 전에 한 잔씩만 드세요.

재료 🍁

소루쟁이
담금 소주(35도)

포근 여사의 테라피 🍃

소루쟁이는 피부병, 이뇨, 지혈,
소화불량, 류머티즘성 관절염에 쓰이고
기관지 염증에도 효과가 있다.

1

소루쟁이의 잔뿌리를 대충 뜯어내고
깨끗이 씻어 볕에 하루쯤 말린다.

2

병에 뿌리를 넣는다.

3

뿌리가 잠기도록 소주를 붓고 뚜껑을 닫
아 어둡고 서늘한 곳에서 숙성시킨다.
10일쯤 지나면 먹을 수 있다.

Tip 어린잎은 된장국을 끓여 먹어도 된다.

수영
겉절이

수영은 삶으면 무기 수산으로 변해서 담석의 원인이 된다고 해.
그래서 겉절이가 제격이지. 오늘 수영 겉절이를 해 밥상에 올렸더니
금세 한 접시가 다 비워졌어. 식욕 없는 봄에 해 먹으면 깔끔하고 상큼한 맛이
식구들 입맛을 돋우지.

재료 🍂

어린 수영 한 움큼

양념재료 🍀

고춧가루 1T · 청양고추 2개 · 멸치액젓 2T · 꿀 1T(식성에 따라)
파·마늘·생강 약간씩 · 식초 약간

1

어린 수영을 깨끗이 씻어 식초물에
5분간 담근다.

2

맑은 물에 한 번 더 씻어 건진다.

3

그릇에 담고 재료를 넣어 살살 무친다.

수영·귀리 샐러드

무릇 요리는 재료의 어울림을 생각해야 해.
오늘 샐러드를 하며 수영의 아삭한 식감이
무엇과 어울릴까 고민 좀 했지.
쫀득한 귀리를 넣었더니
수영의 신맛을 약간 감해주면서
씹을수록 고소한 맛이 나더라구!
젊은이들이 아주 좋아할 만한 맛!

재료 🌿
수영 한 움큼
귀리 반 컵

소스재료 🌿
올리브오일 2T
집간장 ½T
후추 약간

1 귀리를 4~5시간 불린다.
2 불린 귀리를 삶아서 건진다.
3 수영을 깨끗이 씻어 식초물에 3분간 담근다.
4 맑은 물에 한 번 더 헹궈서 건진다.
5 수영을 한두 번 손으로 뚝뚝 잘라 그릇에 담고 귀리와 소스재료를 넣어서 살살 버무린다.

수영
주스

수영은 주로 날것으로 먹지만
봄을 고운색으로 맞이하는
기분을 느끼기 위해
만들어본 요리.
"어머, 색도 예쁘네.
이걸 어떻게 마셔? 아까워서."
수영을 달이면 오련한
분홍색 물이 우러나오는데,
그걸 보고 딸이 호들갑이네.
일단 먹어봐.
색만 아니라 맛도 끝내주니까.
레몬주스는 저리 가라지. ^^

재료 ✿
수영잎 · 꿀 · 물

1

수영을 깨끗이 씻어 건진다.

2

유리 냄비에 물을 붓고 끓인다.

3

물이 반이 될 때까지 줄어들면 식혀서
국물만 차게 보관한다.

Tip · 옛날에는 위장병을 고칠 때 수영으로 감주를 만들어 먹었다고 한다.
· 식성에 따라 물과 꿀을 가미한다.

별꽃아재비

돌콩

쑥

Part 07

눈을 밝게 하는 요리

우리가 자랄 때는 대자연이 놀이터여서 그런지 안경을 쓴 아이들이 거의 없었다. 그런데 요즘은 스마트폰이나 컴퓨터 등 전자파에 많이 노출되어서 안경을 쓴 아이들이 많다. 우리 몸이 천 냥이라면 그중에 눈은 구백 냥이라고 했는데, 아름다운 것을 눈앞에 두고도 보지 못한다면 안타까운 일이 아닐 수 없다. 야생초에도 시력을 좋게 하며, 야맹증과 시력 감퇴, 여러 가지 눈병에 사용하는 풀들이 있다. 별꽃아재비, 돌콩, 쑥 외에도 냉이, 꽃다지 등이 있다. 이 풀들은 국을 끓여 먹기도 하고, 무침이나 튀김, 찜 등 다양한 요리를 해서 먹을 수 있다.

별꽃아재비
무침

별꽃아재비로는 요리를 처음 하는데, 데칠 때 냄새를 맡으니 냉이 향이 물씬 나네.
깜짝 놀라서 다시 냄새를 맡아봤지.
곁에 있다가 요리를 먹어본 딸이 말했어.
"물씬 풍겨나는 봄나물 맛이네요. 나물의 왕이라는 취나물 못잖구요."
앗싸, 오늘도 성공. ^^

재료 🌿

별꽃아재비 한 줌

양념재료 🌿

막장 ½T
들기름
깨 약간

포근 여사의 테라피 🍃

별꽃아재비는 야맹증과 시력 감퇴,
여러 가지 눈병에 쓰이고
소염, 진통작용에도 효능이 있다.

1

2

3

1 별꽃아재비를 씻어 건진다.
2 끓는 물에 20초간 데친다.
3 찬물에 씻어서 꾹 짜고 그릇에 담아
  양념재료와 함께 무친다.

돌콩잎 찜

검은콩의 원조라
불리는 돌콩.
된장에 박아놓으면
장아찌로도 먹을 수 있지.
탐구심이 많은 나는 찜을 만들어보았어.
상에 올린 찜을 먹어본 아들이 말하네.
"엄마, 콩잎에서 나는
비린내가 안 나고
고소하고 부드러워
맛이 일품이네요."
일품이라니 고맙긴 하지만
엄마표 명품이라 불러줌
안 되겠니?

재료 🍃

돌콩잎 한 움큼
날콩가루 4T(푹 떠서)

양념재료 🍃

집간장 ⅔T
물 5T

포근 여사의 테라피 🍂

돌콩은 강력한 항산화 효능이 있어 고지혈증과 동맥경화, 폐암 등에
뛰어난 효과가 있으며 뼈와 근육이 쑤시고 아플 때, 몸이 허약할 때 먹으면 좋고,
잎, 줄기, 씨앗 모두 눈을 밝게 한다.

1 돌콩잎을 깨끗이 씻어서 그릇에 담는다.
2 날콩가루 4T를 넣고 골고루 섞는다.
3 김이 오르는 찜기에 천을 깔고 5분간 찐다.
4 꺼내서 그릇에 담고 식힌다.
5 돌콩잎에 양념재료를 넣고 젓가락으로 가볍게 무친다.

쑥 죽

예부터 '아침밥 저녁죽'이라 해서 우리는 저녁에 죽을 자주 끓여 먹지.
모처럼 쑥 죽을 끓여 밥상에 올리자 모두 맛있게 먹으며 칭찬 한마디씩.
"약간 쌉쓰레하지만 꿀, 대추, 밤, 잣이 들어가서 맛이 향기롭고 구수하네요."
"영양 죽으로 손색이 없어요!"

재료 🌿

쑥쌀가루(쑥과 함께 빻은 쌀가루) 130g
물 650ml · 밤 2알
대추 3알 · 잣 1T
꿀 · 소금 약간

포근 여사의 테라피 🌿

쑥은 몸을 따뜻하게 하며
면역력을 높여주고
위장과 간장, 신장의 기능을 좋게 한다.
비타민과 칼슘, 철분도
다량 함유하고 있다.

1

2

3

1 밤과 대추는 썬다.
2 냄비에 물과 쑥쌀가루, 밤을 넣고 눌어붙지 않게 저어가며 끓인다. 끓기 시작하면 약한 불로 줄인다.
3 죽이 익으면 가스 불을 끄고 대추와 잣, 꿀, 소금을 넣고 섞는다.

Tip 쑥을 쌀과 함께 빻아서 냉동 보관하면 송편, 쑥개떡, 쑥죽 등 언제든지 쉽게 요리해 먹을 수 있다.

냉이

환삼덩굴

Part 08

고혈압에 좋은 요리

고혈압은 약도 많고 처방도 많지만, 완치는 되지 않는다고 한다. 그래서 대부분의 고혈압 환자들은 죽을 때까지 약을 먹으며 관리한다. 야생초 중에 고혈압에 좋은 풀이 있으니, 일명 농부들이 못된 풀이라고 부르는 '환삼덩굴'이다. 이 풀은 생명력이 왕성해 주변으로 뻗어나가는 속도가 가히 위협적이고 다른 식물들을 뒤덮어 고사시키기도 한다. 이 풀을 푹 달여서 꾸준히 먹으면 혈압이 내려간다고 하니 참으로 신기하지 않을 수 없다. 이외에도 냉이, 까마중, 꿀풀, 메꽃, 엉겅퀴, 질경이, 명아주, 쇠별꽃 등이 고혈압에 좋은 풀이다. 쓸모 없어 버려지는 그 흔한 야생초가 사람들에게 약이 되려고 오늘도 우리 집 주위에서 무럭무럭 자라고 있다.

냉이 환

겨울을 이겨내고 이른 봄에 나는 식물이라 몸이 찬 사람에게 좋다는 냉이.
영양가도 풍부하고 약성도 뛰어난 냉이. 어떻게 오래 두고 꾸준히 먹을 수 있을까
고민한 끝에 만든 냉이 환. 풋풋하고 향긋한 냉이 향이 꿀과 잘 어우러져
간단히 먹기에도 좋고 먹고 나면 몸에 불끈 힘이 솟더라구.

1 깨끗이 손질한 냉이는 식초물에 담가 맑은 물에 한 번 더 씻어 건진다.
2 소쿠리에 펼쳐 반나절 정도 말린 뒤, 김이 오르는 찜통에서 1분간 살짝 찐다.
3 찐 냉이를 골고루 소쿠리에 펼쳐 넣고, 바삭해질 때까지 실온에서 4~5일 말린다.
4 바짝 말린 냉이를 분쇄기로 곱게 간다.
5 볼에 냉이가루를 넣고 꿀을 조금씩 넣어가며 섞은 뒤 손으로 꾹꾹 눌러 반죽한다.
6 우황청심환 알만 하게 떼어내어 양손으로 동그랗게 굴려준다.

Tip 하루에 2~3알씩 물과 함께 먹는다. 냉이 2.1kg을 쪄서 말리면 600g의 냉이 가루가 나온다.

환삼덩굴
팬케이크

"와! 야생초의 놀라운 변신이네."
접시에 담긴 요리를 보고 모두 야단법석.
왜 안 그렇겠어! 뒤란 담벼락에 올라 미움받던 풀로 팬케이크를 만들었으니!
"야생초의 향이 살아있고 먹을수록 고소하고 쫀득하네요."
자주 만들 수 없는 특별한 요리이니 오늘 많이들 먹으라구!

재료 🌿

환삼덩굴가루 1T
우리밀 200g
두유 200ml
달걀 2개
설탕 2T
소금 ⅔t
꿀 약간
콩기름 약간

토핑재료 🌿

블루베리
라즈베리
삶은 고구마 1개
요거트 3T(푹 떠서)

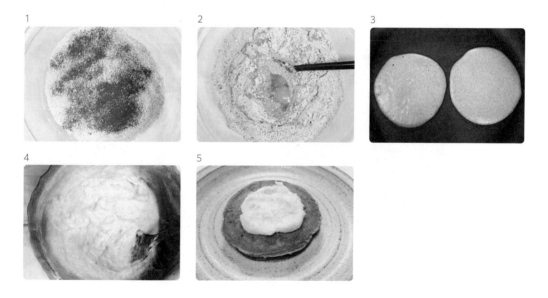

1 우리밀에 환삼덩굴가루, 설탕, 소금을 넣고 골고루 섞는다.
2 섞은 재료에 두유와 달걀을 넣고 잘 젓는다.
3 중간 불에서 팬이 달궈지면 콩기름을 약간 두르고, 작은 국자로 한 국자씩 떠서 앞뒤로 굽는다.
4 으깬 고구마에 요거트와 꿀 1t를 넣고 잘 섞는다.
5 구운 케이크에 4를 켜켜이 바르고 블루베리, 라즈베리, 꿀을 얹어서 장식한다.

Tip 토핑을 하지 않고 꿀만 발라 먹어도 맛있다.

환삼덩굴 다식

요즘 다식을 만들어 먹는 집은 드물지.
더욱이 야생초로 만든 다식은
세상에 권포근표 다식밖에 없을걸. 에헴!
큰소릴 땅땅 쳤는데
맛이 없으면 어쩌나 내심 걱정했지.
환삼덩굴의 풋풋한 향과 콩가루가
서로 잘 어우러져 다식으로 손색이 없었어.
맛도 고소하고 달콤하구 말이야.

재료🌸
볶은 콩가루 1컵
꿀 4T
환삼덩굴가루 2t
들기름 ½t

1 콩가루에 환삼덩굴 가루를 넣어서 잘 섞는다.
2 꿀을 넣어 숟가락으로 잘 섞는다.
3 손으로 눌러가며 반죽을 한다.
4 다식판에 랩을 깔고 손가락에 들기름을 묻힌 후, 반죽을 떼어 다식판에 넣고 꾹꾹 누른다.
5 랩을 조심스럽게 들어 다식을 떼어낸다.

Tip 환삼덩굴의 어린잎을 깨끗이 씻어 말린 후 분쇄기에 곱게 갈아 가루로 만든다.
냉장고에 넣어두고 쓰면 수제비, 빵 등 요리의 색을 낼 때 요긴하게 쓸 수 있다.

달개비

메꽃

Part 09

당뇨에 좋은 요리

옛날에 '뉴슈가'를 설탕 대용으로 먹던 시절에는 당뇨라는 말을 몰랐다. 언제부턴가 설탕을 먹기 시작하면서 사람들의 입맛도 변해갔고, 음식이 달지 않으면 맛이 없다고 한다. 이렇게 단것에 길들여지면서 사람들은 더 단것을 찾게 되었고, 그 결과 당뇨병에 시달리는 사람들이 많아졌다. 우리가 사서 먹는 음식이 모두 달다. 과일도 달지 않으면 팔리지 않으니 농부들은 더 단 과일을 만들기 위해 품종을 거듭 개량한다. 사실 건강을 위해서라면 덜 단 과일을 골라서 먹는 지혜가 절실하다. 당뇨에 좋은 야생초를 소개하면 달개비, 메꽃이 있고, 이외에도 토끼풀, 질경이, 갈대, 냉이 등이 있다. 이런 풀들을 잘 활용하여 당뇨의 수치를 정상으로 되돌려보자.

달개비 무침

식구들 다 외출하고 모처럼 혼자 있는 날.
그래, 오늘은 나 자신을 위해 별식을 만들어야지.
텃밭에 자란 달개비를 뜯어다 무쳤는데, 아작아작 씹히는 게 들기름과 잘 어울렸어.
담백하고 깔끔한 맛이 오래전부터 먹어왔던 고급스러운 나물 같았어.
먹고 나니, 내 몸이 아주 좋아하는 것 같았지!

재료 🌸

어린 달개비 한 움큼

양념재료 🌿

집간장 2t
들기름 ½T
파·깨 약간

포근 여사의 테라피 🌿

달개비는 몸의 열을 내리고, 해독을 하며
이뇨작용과 함께 특히 당뇨에 좋다.
하지만 자궁을 흥분시키는
효능이 있기 때문에
임산부는 절대 먹으면 안 된다.

1 달개비를 깨끗이 씻어 건진다.
2 끓는 물에 1분간 데친다.
3 찬물에 헹궈 물기를 꼭 짠다.
4 양념재료를 넣고 무친다.

Tip 성질이 차서 오래 먹으면 안 되지만, 몸에 열이 많은 체질에는 좋다.

메꽃 밥

직장 다니는 아들이 일찍 퇴근했길래 메꽃 밥을 고봉으로 떠주었더니,
이건 뭐예요? 하며 밥 속의 메꽃 뿌리를 걷어내려 했지.
그거 첨 봤지? 옛날 먹을 게 없던 궁핍한 시절에
우리 조상들이 먹던 건데, 먹어봐!
"어, 달큰하고 부드럽고 씹히는 맛이 일품이네요!"
맛만 아니라 몸에두 좋은 것이여!

재료 🌺

메꽃 뿌리 한 움큼
쌀 · 귀리
보리 · 차조 · 물

포근 여사의 테라피 🌿

메꽃은 당뇨에 효능이 있으며, 소화불량,
해독작용을 해준다. 더불어 메꽃의 전초는
원기회복과 자양강장제, 이뇨제로 쓰인다.

1 잡곡과 쌀을 씻어서 2시간 이상 불
　린다.
2 메꽃 뿌리를 깨끗이 씻어 건진다.
3 불린 쌀을 솥에 넣어 약간 넉넉하게
　밥물을 붓고 뿌리를 얹어 밥을 한다.

Tip 5~6월에 캐야 메꽃의 뿌리가 통통하고 단맛이 깊다. 7월이면 뿌리에 심지가 생기고
단맛이 줄어든다.

개똥쑥

괭이밥

뱀딸기

꿀풀

Part 10

항암작용에 좋은 요리

항암작용에 좋은 풀을 소개하면 개똥쑥, 괭이밥, 뱀딸기, 꿀풀이 있고, 이외에도 소루쟁이, 수영, 비단풀, 까마중, 질경이, 지칭개, 엉경퀴, 돌콩 등이 있다. 이 풀들을 잘 활용하면 암을 예방할 수 있고, 암에 걸려 고통받는 이들에게도 큰 도움이 될 것이다. 특히 비단풀은 모든 암에 항암작용을 하는 것으로 알려져 있다. 심지어 아마존 정글에 사는 원주민조차 비단풀을 암 치료제로 쓰고 있다고 한다. 이 귀한 비단풀이 멀리 있지 않고, 바로 우리가 사는 집 주위에서 자라고 있다.

개똥쑥 술빵

비도 구죽죽이 내리고, 어릴 때 비 오는 날이면 엄마가 쪄주셨던 술빵이 생각나
개똥쑥을 뜯어 빵을 쪄보았지. 빵을 좋아하는 딸이 먹고 나서 하는 품평.
"엄마, 달고 향기롭네요."
개똥쑥은 약성도 좋다니까 맛 따지지 말고 많이 먹거라. ^^

재료 🌿

개똥쑥 한 줌
밀가루 4컵
설탕 4T · 소금 1t
물 200ml
막걸리 100ml
대추 5알

포근 여사의 테라피 🌿

개똥쑥은 해독작용을 하며, 비타민A와 C가 풍부하고,
항암 효과와 면역력 강화에 좋다.

1 개똥쑥을 깨끗이 씻어 건진다.

2 건진 개똥쑥을 절구에 찧는다.

3 그릇에 밀가루, 개똥쑥 찧은 것, 설탕, 소금을 넣고 막걸리와 물을 섞는다.

4 재료를 골고루 혼합해 따뜻한 곳에서 40분 정도 발효시킨다.

5 물이 끓으면 찜기에 천을 깔고 반죽을 부은 다음, 대추를 채 썰어 얹고 20분간 찐다.

Tip
· 개똥쑥은 성질이 차기 때문에 몸이 찬 사람은 많이 먹지 않는 게 좋다.
· 개똥쑥이 암 치료에 좋은 것으로 알려져 있으나 설사를 자주 하고 체중이 점차 감소하는 암환자들은
  조심해서 먹어야 한다.

괭이밥
샐러드

괭이밥으로 만든 샐러드라니까 우리 남편.
"무슨 밥? 고양이밥이라구?"
어휴! 시인께서 괭이밥도 모르시니, 참.
하여간 샐러드를 시식하시고 난 뒤 하시는 말씀.
"고소하고 새콤한 게 먹을 만하구먼.
먹구 나니까 뽀빠이가 된 것처럼 몸이 가볍구 불끈 힘이 솟네!"
히히, 이런 소릴 들으면 자꾸 해드리구 싶어지지!

재료 🌺

괭이밥 50g
들깨 약간

소스재료 🌿

캐슈너트 20g · 땅콩 20g
집간장 · 물 100ml
감식초 1t
매실효소 약간(각자 간을 본다)

포근 여사의 테라피 🌿

괭이밥은 설사, 이질, 코피 날 때, 인후의 부종과 동통, 피부염과 종기,
타박상, 황달, 질염, 요도염, 간염, 간경화, 간암, 백혈병에 효능이 있다.

1 괭이밥을 깨끗이 씻어 식초물에 3분간 담갔다가 건진다.
2 캐슈너트와 땅콩을 분쇄기로 곱게 간다.
3 물에 집간장과 감식초, 매실효소를 넣고 잘 섞이게 젓는다.
4 3에 분쇄된 가루를 넣고 골고루 섞는다.
5 접시에 괭이밥을 담고 들깨를 뿌린 다음, 소스를 얹는다.

Tip 괭이밥에 감식초가 들어가면 신맛이 반으로 줄어든다.

괭이밥 물김치

조각가인 딸이 전시 준비를 하느라 연일 땀을 뻘뻘 흘리는 게 안쓰러워
오늘은 특별한 요리를 만들어주었지.
괭이밥 물김치를 단숨에 들이켠 딸.
"새콤한 괭이밥과 청양고추의 칼칼함이 어울려 무더위를 한 방에 날려주네요!"
고로코롬 말만 이쁘게 해. 내가 날마다 해줄 테니까!

재료 🌿

괭이밥 두 움큼 · 순무 1토막 · 쌀가루 3T · 청양고추 5개 · 쪽파 3뿌리
마늘 5톨 · 생강 두 쪽 · 소금 6g · 물 1.5L

1 괭이밥을 깨끗이 씻어 건진다.
2 물 500ml에 쌀가루 3T를 넣고 풀을 끓여 식힌다.
3 순무는 나박나박하게 썰고 마늘 생강은 편으로, 청양은 사선으로,
  쪽파는 3cm 간격으로 썬다.
4 남은 물 1L에 소금, 쌀풀을 넣고 저은 다음, 3에 붓고 실온에서 익힌다.

Tip 실온에서 2-3일 정도 푹 익혀서 먹으면 효과가 더 좋다.

뱀딸기
샐러드

뱀이 먹는 딸기도 먹어요?
귀한 손님이라고 뱀딸기 샐러드를 해 내놓자
어린 조카딸이 신기한 듯 말했지.
사람도 먹을 수 있다고 일러주자 샐러드를 먹어보곤 놀라운 눈빛으로 하는 말.
"오독오독 씨가 씹히는데, 토끼풀 소스랑 어울려 고급 샐러드를 먹는 느낌이네요."
애야, 몸에도 엄청 좋거든.

재료 🌿

뱀딸기 2컵

포근 여사의 테라피 🍃

뱀딸기는 항암 효과가 있고, 면역력 강화, 뱀이나 벌레에 물렸을 때도 좋다.

소스재료 🌿

토끼풀꽃(30송이) • 잣 1T
배 ¼개 • 올리브오일 1T
소금 ½t • 후추 약간

1 뱀딸기를 씻어서 식초물에 5분간 담근다.

2 한 번 더 씻어 건진다.

3 배와 토끼풀은 잘게 썬다.

4 믹서에 3을 넣고 나머지 소스재료도 함께 넣어 간다.

5 딸기를 담은 접시에 소스를 얹는다.

Tip 뱀딸기는 잘 상하므로 씻어서 곧바로 요리해 먹도록 한다.

꿀풀 튀김

꿀을 얼마나 많이 함유하고 있길래 꿀풀일까.
그래선지 꿀풀엔 벌과 나비가 많이 꼬이지.
오늘은 산책길에 뜯어 온 꿀풀로
튀김을 만들어보았어.
평소 튀김을 좋아하지 않는 남편.
"오, 당신은 역시 요리 천재야.
맛이 담백하고 깔끔하네."
칭찬은 날마다 들어두 좋아 좋아!

재료 🌷
어린 꿀풀 한 줌 • 튀김가루 5T
물 적당량 • 소금 약간 • 콩기름 약간

포근 여사의 테라피 🌿
이뇨와 소염, 소종의 효능이 있고
간을 맑게 하며
항암 효과가 있다고 한다.

1 어린 꿀풀을 깨끗이 씻어 건진다.
2 튀김가루 2T를 넣고 골고루 섞어서 수분을 제거한다.
3 남은 튀김가루에 물을 부어가며 약간 걸쭉하게 반죽한다.
4 2에 반죽 옷을 입힌 뒤 가열된 기름에 튀긴다.
5 튀긴 꿀풀을 종이 타월에 얹어 기름기를 뺀다.

꿀풀차

커피 한 톨 안 나는데 그 자극적인 커피에 중독된 한국인.
그래서 난 야생초차를 개발해야 한다는 사명감을 품고 있지.
꿀풀로 차를 만들어 모처럼 찾아온 남편 친구들에게 내놓자 하나같이 하시는 말씀.
"옅은 홍차에 허브차를 섞어놓은 맛이 나네요."
몸에 좋으니 많이 드세요!

재료 🌿
말린 꿀풀 한 움큼 · 물 2L

1

말린 꿀풀을 흐르는 물에 씻은 뒤 냄비에
물을 붓고 10분 정도 끓인다.

2

10분이 지나면 약한 불로 줄여서 물이
반으로 졸게 은근히 끓인다.

3

건더기는 체에 걸러낸다.

Tip 약간 진하게 달이면 더욱 맛이 좋다.

토끼풀

명아주

Part 11

피부 질환에 좋은 요리

우리 어릴 때는 가장 흔했던 피부병이 헌데였다. 피부에 종기나 부스럼이 나서 노란 진물을 질질 흘리곤 했는데, 요즘은 피부병도 다양해졌다. 특히 아토피는 아이 어른 할 것 없이 현대인을 괴롭히는 피부 질환이다. 우리 가족은 토끼풀 샐러드를 해 먹고서 생손앓이를 고쳤고, 곤충에게 쏘였을 때 야생초를 찧어 붙여 고친 경험이 있다. 피부 질환에 좋은 야생초로는 토끼풀, 명아주 외에도 소루쟁이, 쇠비름, 환삼덩굴, 질경이, 까마중, 개구리밥 개똥쑥, 별꽃 등이 있는데, 이런 풀들을 찧어 붙이거나, 달여서 바르거나, 무쳐서 먹으면 도움이 된다.

토끼풀
겉절이

사람들은 토끼풀을 토끼만 먹는 줄 알지.

토끼나 벌레가 먹는 건 사람도 다 먹을 수 있어.

약성도 뛰어나 우리 집에선 생손앓이를 할 땐 즉시

토끼풀 겉절이를 해서 먹는데, 감쪽같이 낫지.

꼭꼭 씹어 먹으면 깊은 맛이 느껴지고 풋풋한 향도 그대로 살아있거든.

재료 🌿

토끼풀꽃 한 줌, 토끼풀 반 줌

양념재료 🍀

매실효소 2T · 고춧가루 1T · 식초 1T
들기름 ½T · 파·마늘 약간
멸치액젓 약간

포근 여사의 테라피 🌿

토끼풀은 각종 염증 치료와 피부 질환,
천식 치료에도 쓰이며,
소염과 마취 효과도 있다.

1

토끼풀을 깨끗이 씻고 식초물에 담가
5분간 둔다.

2

맑은 물에 한 번 더 씻어 건진다.

3

양념재료를 넣고 골고루 무친다.

명아주
볶음

명아주는 어른 키보다 커서 그 대궁(줄기)을 지팡이로 썼다는 얘기도 전해지지.

하지만 그 잎을 먹을 생각을 하는 이는 드물어.

명아주 잎을 볶아 밥상에 올리자 남편이 놀란 눈빛으로 하는 말.

"잎은 시푸르둥둥한데 맛은 묵나물 같네."

호호, 묵나물보다 더 맛있지 않아요?

재료 🍃

어린 명아주잎 한 움큼 • 집간장 1과 ½T
포도씨유 1과 ½T • 들기름 ½T
통깨 약간 • 파·마늘 약간

포근 여사의 테라피 🍂

명아주는 고혈압, 고지혈증 등의 성인병에
효과가 있고, 해독과 벌레 물린 데,
대장염에도 쓰이며, 위를 튼튼하게 한다.

1 명아주를 깨끗이 씻어 건진다.

2 끓는 물에 살짝 데쳐서 씻어 건진다.

3 냄비에 포도씨유를 붓고 파, 마늘을 넣어서 볶는다.

4 3에 데친 명아주를 넣고 집간장을 넣어 볶다가 들기름과 통깨를 넣어
   마무리한다.

Tip 명아주를 너무 다량으로 오래 먹으면 피부염이 생긴다고 하니 주의해야 한다.

갈대

달뿌리

Part 12

중금속, 화학물질, 방사능을
해독하는 요리

오늘날 우리는 온갖 오염 속에 살아가고 있다. 눈에 보이는 오염 물질도 있지만, 눈에 보이지 않는 온갖 독이 더 무서운 세상이다. 매일 먹는 음식과 마시는 공기로 우리도 모르게 차곡차곡 몸에 독이 쌓이고 있다. 땅은 각종 농약으로 이미 망가져버렸고, 매일 먹는 채소도 숱한 농약과 인공비료로 오염되어있으며, 강과 바다에서 잡히는 어패류의 중금속 오염도 심각하다. 더욱이 일본에서 방사능에 오염된 해산물을 마구잡이로 수입하여 우리가 먹고 있는 현실 또한 경계해야 한다. 다행인 점은 중금속, 농약, 화학물질, 방사능을 해독하는 야생초가 있다는 사실이다. 갈대와 달뿌리풀이 있고, 이외에도 까마중, 괭이밥, 어성초 등이 중금속 해독에 큰 효과가 있다.

갈대 차

자갈이 빼곡하게 깔린 개울에 가서 갈대를 캐 오느라
남편은 땀을 바가지로 쏟았지.
약성이 뛰어난 걸 알고 차를 만들었는데 고생한 보람이 있었어.
갈대 차를 한 컵 마시고 난 딸.
"구수한 숭늉 맛이 나요."
왜 그런 맛이 나는지 알아?
뿌리에 녹말이 들어있어서 그래!

재료 🌿

갈대, 물

포근 여사의 테라피 🌿

갈대는 중금속 오염, 농약, 화학물질, 방사능 독을 푸는 데 효과가 있고,
이뇨작용을 하며, 가슴이 답답하고 목이 마르는 증세에 효과가 있다고 한다.

1 갈대는 뿌리에 흙이 많이 붙어있기 때문에 하나씩 뜯어 아주 깨끗이 씻어서 물기를 뺀다.
2 물기가 마르면 썰어서 말린다.
3 잘 마른 갈대를 바닥이 두꺼운 냄비에 노릇하게 볶는다.
4 볶은 갈대는 체에 걸러서 불순물을 제거한다.
5 냄비에 물을 붓고 볶은 갈대를 넣어 차를 끓인 후 체에 걸러서 마신다.

Tip 특히 방사능에 중독되었을 때 갈대 뿌리를 달여 마시면 백혈구의 수가 늘어나고 면역력이 강화되어 골수의 조혈기
능이 높아져서 차츰 몸이 회복된다고 한다.

달뿌리풀 차

왜 달뿌리풀이라 부르는지 궁금하죠?
그건 이 풀이 자라는 모습 때문인데
뿌리줄기가 모래 위로 달리는 듯 퍼져가기 때문에
그런 이름을 붙였다지!
맛은 갈대보다 조금 더 달고 누룽지처럼 구수하지. ^^

재료 🍂

달뿌리풀, 물

포근 여사의 테라피 🌿

중금속, 농약, 화학물질, 방사능 독을 풀어주는 데는 갈대보다 더
효과가 있다고 한다.

1 뿌리에 잔뿌리가 아주 많이 달려있으므로 하나씩 뜯어 깨끗이 씻은 다음 물기를 뺀다.

2 물기가 마르면 썰어서 말린다.

3 잘 마른 달뿌리풀을 바닥이 두꺼운 냄비에 노릇하게 볶는다.

4 볶은 달뿌리풀이 식으면 손으로 두세 번 비벼서 체에 걸러낸다(불순물 제거).

5 냄비에 물을 붓고 볶은 달뿌리를 넣어 차를 끓인 다음, 체에 걸러서 마신다.

Tip 오염되지 않은 냇가에서 채취해야 한다.

밥상은 약상

야생초 밥상

Part 13

면역력 강화를 위한 요리

남편은 작년 한 해 동안 매일 빠짐없이 하루에 한 끼씩 집 주변에 있는 야생초를 열 가지 이상 뜯어 삶아서 야생초 비빔밥이나 야생초 비빔라면을 해 먹었다. 비가 오는 날이나 땡볕이 쨍쨍 내리쬐는 날도 마치 야생 초마법에 걸린 사람처럼 야생초요리를 해 먹었다. 그래서 그런지 식구들 중에 제일 건강하다. 그걸 보면서 야생초가 면역력을 강화하는 데 참 좋은 요리재료구나 하는 생각을 했다. 사람들은 나이가 들수록 면역력 강화에 관심이 많아진다. 그래서 몸의 면역력을 드높이기 위해 많은 돈을 투자하기도 한다. 하지만 나는 면 역력을 높이기 위해 야생초로 눈길을 돌려보라고 말하고 싶다. 야생초는 조금만 노력하면 누구나 얻을 수 있으니까. 이 장에서 소개하는 레시피는 야생초모듬요리이다. 내가 야생초모듬요리에 넣은 야생초는 집 주 변에서 나는 질경이, 쇠비름, 까마중, 돌콩, 메꽃, 명아주, 새삼, 괭이밥, 개망초, 왕고들빼기, 엉겅퀴 등이다. 이런 야생초들을 잘 활용하면 면역력 강화에 큰 도움을 받을 수 있다.

야생초
부침개

모든 야생초는 기름과 만나면 잘 어울리지.

구죽죽이 비가 오길래 우산 들고 나가 몇 가지 야생초를 뜯어 부침개를 했지.

"여보, 은은한 야생초 향이 기름과 만나 고소하고 부드러운 것이 정말 맛있네.

막걸리와 곁들이면 좋겠어."

그럴 줄 알고 막걸리도 준비했는데, 너무 많이는 드시지 마세요!

재료 🌿

우슬초·환삼덩굴·모시물통이 각각 반 줌씩 • 우리밀 4T • 물 한 컵 • 소금 1t • 콩기름 약간

1

2

3

1 야생초는 깨끗이 씻어서 1~2cm 간
   격으로 썬다.

2 볼에 물, 밀가루, 소금과 1의 재료를
   넣고 골고루 섞는다.

3 콩기름을 두르고 지져낸다.

야생초
볶음밥

반찬이 없을 때면 집 안이나 텃밭의 야생초들을 뜯어다
간단히 볶음밥을 만들어 먹지.
"야생초의 풋풋한 향이 살아있고 맛도 참 좋네요, 엄마!"
딸, 야생초 뜯기 힘드니 이젠 네가 뜯어서 만들어 먹어. ^^

재료 🌿
쇠비름·달개비·모시물통이·돌콩·환삼덩굴 각각 한 움큼씩
호박·당근·양파(약간씩)·콩기름 4T·굴소스 2T(각자 조절)·밥 1공기

1 재료는 1~2cm 간격으로 썰어 준비한다.
2 팬에 기름을 두르고 당근, 양파, 호박을 넣어 볶는다.
3 채소가 익으면 야생초와 굴소스를 넣어 살짝 더 볶는다.
4 마지막에 밥을 넣고 덩어리지지 않게 섞어가며 2~3분 정도 더 볶는다.

Tip 채소가 없을 땐, 야생초만 넣고 볶아도 맛있다.

잡초 비빔라면

야생초 뜯는 수고만 즐길 수 있으면 가장 간단히 만들 수 있는 요리지.
남편이 즐기는 요리인데 어느 날 나도 먹어보고 반했어.
"부드럽게 잘 넘어가고 여러 야생초 향이 그대로 살아있네요."
면발의 유혹을 견딜 수 없는 분들 건강한 야생초비빔라면 만들어 드셔요. ^^

재료 ✿
사리면 1개 • 개망초 • 환삼덩굴 • 질경이 • 뽕잎 등

양념재료 ✿
고추장 ½T • 달걀 노른자 • 매실효소 ½T • 맛간장 1t

1 깨끗이 씻은 야생초는 끓는 물에 삶아서 찬물에 헹궈 건진다.
2 1의 물에 사리면을 삶는다.
3 삶은 면을 찬물에 헹궈 그릇에 담는다.
4 삶은 야생초를 먹기 좋게 썰어서 면 위에 얹고 양념재료를 넣어 비빈다.

야생초
인절미

야생초가 그리워지는 계절이 되면 여름에 삶아 냉동해놓은 야생초를 꺼내
야생초 인절미를 만들어 먹으면 좋지.
여러 종류의 야생초 향과 콩가루의 고소함이 어우러져 맛이 좋아.
아내 없인 살아도 야생초 없인 못 산다는
우리 남편이 아주 좋아하는 요리지. ^^

재료 🌱

찹쌀 · 개망초 · 쑥 · 달개비 · 개똥쑥 · 우슬초 · 곰보배추 · 환삼덩굴
개갓냉이 · 별꽃 · 꽃다지 · 광대나물 · 쇠비름 (각각 삶아서 한 주먹씩)

1

찹쌀은 하루 전에 씻어서 물에 불린다.
야생초들은 그때그때 삶아 냉동실에
넣어두었던 것들을 다 꺼내서 큰 그릇
에 담고 물을 부어서 녹인다.

2

불린 찹쌀은 건져서 물기를 빼고, 야생
초들은 꼭 짜서 찹쌀과 함께 방앗간에
가져간다.

야생초
피자

먹을 게 흔한 요즘, 젊은이들에게 야생초에 대한 인식을 심어주려면 어찌해야 할까?
그래, 애들이 좋아하는 피자를 만들어볼까!
우리 집에도 피자 좋아하는 애들이 둘이나 있어
만들어놓고 불렀지. 맛이 어떠니?
"야생초가 피자의 느끼한 맛을 잡아줘서 뒷맛이 깔끔해요.
느끼한 맛 싫어하는 아빠도 좋아할 듯싶네요."
영양가도 시중의 피자와는 비교가 안 되지, 암!

도우재료 🌿

밀가루 125g

소금 6g · 마스코바도 설탕 10g

이스트 4g · 올리브오일 7ml · 물 125ml

토핑재료 🌱

환삼덩굴 · 개망초 · 달개비 · 모시물통이(각각 반줌씩)

올리브 7알 · 마늘 7톨 · 토마토 1개 · 팽이버섯 약간

피자치즈 · 피자소스 · 올리브오일

도우 만드는 법

1 미지근한 물에 이스트를 넣고 잘 젓는다.

2 밀가루를 채로 곱게 쳐서 내린다.

3 2에 설탕과 소금을 넣고 잘 섞은 다음, 1의 물을 부어서 반죽하다가
   중간에 올리브오일을 넣고 10분간 더 치댄다.

4 반죽된 것에 랩을 씌워 1시간 정도 실온에서 발효시킨다.

요리하기

5 모든 재료를 썰어서 준비한다.

6 오븐팬에 올리브오일을 넉넉히 바르고 반죽을 골고루 펴서 포크로 찍는다.

7 도우 위에 피자소스를 바른다.

8 팽이버섯, 토마토, 마늘, 야생초, 올리브, 피자치즈 순으로 얹고
   맨 위에 올리브오일을 살짝 뿌린 뒤 180°로 예열된 오븐에 넣고 11분간 굽는다.

야생쵸
토르티야

토르티야는 멕시코 음식인데
야생초를 넣어 퓨전요리를 해보았지.
멕시코를 다녀온 적이 있는 딸이 말하는 거야.
"닭고기를 넣었는데도 야생초 때문이겠죠?
고기 냄새가 전혀 안 나요.
멕시코 토르티야보다도 더 맛있어요."
앗싸! 멕시코 가서 식당 차릴까?

재료 ✿

질경이 • 속속이풀
개망초 • 쇠비름
별꽃아재비 • 환삼덩굴
돌콩 • 까마중
닭가슴살 400g • 카레 2T
쪽파 10뿌리 • 마늘 6톨
물 10T • 후추 1t
토르티야 7장

1 야생초를 뺀 나머지 재료를 모두 썰어서 그릇에 담는다.
2 카레와 버무려 간이 스며들게 10분간 둔다.
3 중간 불에 2의 재료를 볶다가 물기가 모자랄 즈음, 물을 조금씩 부어가며 뒤적인다.
4 재료가 다 익으면 야생초를 썰어 넣고 한 번 더 익힌다.
5 다 익힌 재료를 그릇에 담고 토르티야도 팬에 구워 준비한다.
6 토르티야를 바닥에 놓고 속 재료를 넣어서 접는다.

야생초 잡채

휴일, 직장 다니는 아들이 친구들을 초대했는데 지 엄마가 야생초요리가라고 자랑을 했겠다!

그래? 그럼 오늘은 제대로 야생초요리를 해야지.

떡 벌어지게 차린 야생초요리를 먹어본 아들 친구들.

"어머니, 혁이가 그렇게 자랑을 하더니 세상에 태어나 이렇게 맛있는 잡채는 처음이에요."

풀의 향과 맛과 색이 살아있는 야생초 잡채는 풀요리의 으뜸이거든. 에헴!

재료 🌸

속속이풀 · 별꽃
개망초 · 명아주
질경이 · 개똥쑥
곰보배추 · 토끼풀
종지나물
당면 두 줌

양념재료 🌿

진간장과 맛간장 1T씩(각자 조절)
콩기름 3T · 들기름 2T
후추 · 설탕 2T · 통깨 1T
파 · 마늘 약간 · 물 약간

1 당면을 찬물에 담궈서 4시간가량 불려놓는다.

2 야생초들은 깨끗이 씻어 식초물에 담근 뒤 한 번 더 씻어 건진다.

3 가열된 팬에 콩기름을 넣고 채 썬 마늘과 파를 볶는다.

4 불린 당면과 야생초를 넣고 골고루 섞다가 약간의 물을 넣어가며 2분 정도 중간 불에서 더 볶는다.

5 나머지 양념재료를 넣고 골고루 섞으며 2분간 더 볶는다.

야생초 빵

채식주의자들에게 권하고 싶은 야생초요리.
시중의 빵은 대부분 우유나 버터가 들어가는데
야생초빵은 일체 동물성 재료를 쓰지 않아
맛이 아주 깔끔하고 담백하거든.
빵을 단숨에 세 개씩이나 먹고 난 딸.
"먹고 싶으면 말씀 드릴 테니 자주 좀 해주셔요!"
대신 설거지는 네 몫인 거 알지, 잉?

재료 🌾

밀가루 500g • 두유 160ml • 야생초(개망초 · 속속이풀 · 까마중 · 모시물통이 · 별꽃) 80g
양파 220g • 설탕 400g • 이스트 10g • 카레가루 20g • 물 250ml
포도씨유 1T • 올리브오일 2T • 소금 9g

1 달궈진 팬에 포도씨유를 두르고 잘게 썬 야생초와 양파를 2분간 볶는다.

2 밀가루에 설탕, 소금, 이스트, 카레를 각각 네 귀퉁이에 붓고
  가운데를 움푹하게 만들어 두유를 넣는다.

3 가운데부터 살살 주걱으로 저으며 반죽을 섞다가 귀퉁이에 있는 재료도 섞고 1의 야생초볶음도
  넣어 골고루 섞는다.

4 3에 랩을 씌워 따뜻한 곳에서 1시간 정도 발효시킨다.

5 올리브오일을 바른 틀에 반죽을 붓고 예열된 오븐에 넣어 180도에서 40분간 굽는다.

Tip 설탕과 소금은 입맛에 따라 조절한다.

야생초꽃
샐러드

와! 이게 뭐죠? 요리를 보는 식구들의 경이에 찬 눈빛!
"이 예쁜 걸 어떻게 먹죠?" "그야말로 오감 만족이네요." "야생초요리의 절정, 정말 진경(珍景)이오!"
그래? 격찬은 고맙고 고마운데 안 먹고 그러고만 있을 거야?
안 먹으면 울 엄마 섭섭해 안 되죠. ^^

재료

제비꽃・꿀풀꽃・토끼풀꽃
속속이풀꽃・엉겅퀴꽃
벋음씀바귀꽃・곰보배추꽃
돌나물꽃・인동초꽃 약간

소스재료

배 ¼개・레몬 ⅓개
마요네즈 2t
볶은참깨 2T・양파 1조각

1 풀꽃들을 깨끗이 씻어 식초물에 3분간 담갔다가 건진다.

2, 3 레몬, 마요네즈, 볶은참깨를 준비해두고, 배와 양파는 잘게 썬다.

4 믹서에 썬 배와 양파를 넣고 나머지 소스재료를 넣어서 함께 간다.

5 접시에 꽃들을 가지런히 담고 믹서에 간 소스를 얹는다.

야생초꽃 탕수

그럴 줄 알았어. 요리 천재란 소리 또 나올 줄!
내가 만들어놓고 내가 먹어보아도 정말 신선이나 먹었음 직한 신비로운 음식이지!
본래 탕수육을 느끼하다고 싫어하는 남편. "여보, 정말 품격이 느껴지는 꽃들의 향연이구먼!"
내가 칭찬받을 건 아니죠. 야생초꽃 만세!!

재료 🌸

개망초 · 질경이 · 꿀풀
메꽃 · 속속이풀 · 토끼풀
곰보배추 · 튀김가루 4T(푹 떠서)
밀가루 2T(푹 떠서) · 물 적당량
소금 약간 · 콩기름 약간

소스재료 🍀

전분가루 2T(푹 떠서)
진간장 1T · 물 400ml
설탕과 유자청 2T씩(당도는 기호에 따라)
식초 2T

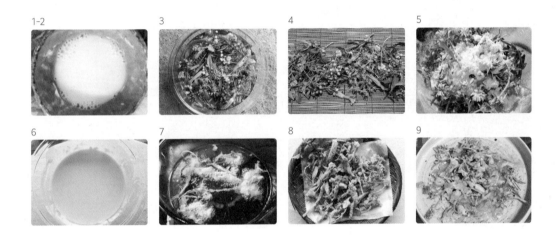

소스 만드는 법

1-2 전분가루 1T를 물에 풀어서 끓이다가 나머지 소스재료를 넣어서 한소끔 더 끓인다.

요리하기

3 풀꽃들을 깨끗이 씻어서 식초물에 1분간 담근다.

4 건져서 물기를 뺀다.

5 풀꽃에 튀김가루 2T(푹 떠서)를 넣고 잘 섞는다.

6 남은 튀김가루에 밀가루와 물을 넣고 반죽을 한다.

7 기름이 적당히 가열되면 꽃에 반죽 옷을 입혀서 튀긴다.

8 종이타월을 깔고 기름을 뺀다.

9 접시에 풀꽃튀김을 얹고 소스를 얹는다.

야생초 꽃밥

오늘 점심은 꽃밥이라니까 식구들은 맛에 대한 기대감이 큰 눈치.
뜸 들인 꽃밥을 먹고 난 아들은 좀 실망한 듯.
"기대보다 별맛은 없네요." "양념장을 넣으니 그냥 먹을 만해요."
너희들 자극적인 맛에 길들여져 그래. 담백한 맛이 본래 자연의 맛이거든.
몸에는 좋으니 맛 따지지 말고 먹어, 잉?

토끼풀 한 줌 · 인동초 약간 · 꿀풀 한 줌 · 소금 1t · 포도씨유 5방울 · 물

1 쌀은 미리 불려 준비하고 꽃은 깨끗이 씻어 식초물에 담갔다가
  맑은 물에 한 번 더 씻어 건진다.
2 솥에 재료를 모두 넣고 밥물을 붓는다.
3 밥이 되기를 기다린다.
4 뜸을 충분히 들이면 완성된다.

Tip 된장이나 간장양념에 비벼 먹는다.

흔한 것이 귀합니다

어느 날 나는 저녁에 먹을 양식을 구해 돌아오고 있었다. 양식이라고 하니 쌀이나 빵 같은 것을 염두에 두실지도 모르겠다. 미안하지만 그게 아니라 논둑이나 밭둑에 흔하게 돋아있는 야생초를 두고 하는 말이다. 웬 야생초? 야생초를 먹는다고? 그렇다. 나는 매일이다시피 흔해빠진 야생초를 뜯어다 살짝 삶아 밥에 비벼 먹곤 한다. 그동안 내가 뜯어 먹은 야생초만 해도 서른 가지가 넘는다. 꽃다지, 개망초, 민들레, 왕고들빼기, 씀바귀, 쇠비름, 참비름, 돌콩, 뽕잎, 모시물통이, 새삼, 참나물, 돌미나리, 토끼풀, 돌나물, 질경이, 환삼덩굴, 달맞이꽃…… 등등.

오늘도 나는 내가 먹을 야생초 몇 가지를 뜯어 휘파람을 불며 집으로 돌아오고 있는데, 경로당 회장이신 방 씨 영감님이 오토바이를 타고 오시다가 날 보더니 오토바이를 멈추고 알은체를 하셨다. 동네에서 일어나는 일이라면 간섭안 하고는 못 배기는 약방 감초 같은 영감님이시다.

"고 선상, 오늘은 어딜 다녀오시우?"

배꼽이 훤히 드러나 보이는 짧은 베잠방이를 헐렁하게 걸친 영감님은 경로당에서 한잔 걸치셨는지 얼굴이 불쾌하다.

"저녁거리로 먹을 풀 좀 뜯었어요."

"또 야생초를 드실려구?"

그동안 영감님은 몇 번인가 내가 야생초 뜯어 오는 걸 보신 적이 있었다.

"네."

"앞으로는 고 선상 이름을 바꿔야 쓰것구만. 염소라카든지 토끼라카든지……."

영감님은 이렇게 말해놓고는 한참 동안 키들키들 웃으시더니 쌩 오토바이를 몰아 언덕배기로 올라가신다. 내가 영감님 말씀처럼 염소나 토끼가 즐기는 야생초를 뜯어 먹기 시작한 건 몇 해 전부터다. 낡은 한옥을 구해 십 년째 살고 있는데, 넓은 마당에는 숱한 풀이 저절로 돋아나 자주 낫을 들고 풀을 베어내야 했다. 어느 날 웃자란 풀들을 베다가 문득 몇 가지 풀을 뜯어 입에 넣고 꼭꼭 씹어보았다. 오, 먹을 만했다. 입안이 향긋해졌다. 그래서 여러 종의 풀을 뜯어 밥에 썰어 넣고 고추장으로 비벼 먹어보았다. 목으로 넘어가는 느낌이 매우 상큼했고, 몸에도 불끈 힘이 솟는 것 같았다. 나는 그 후로 매일같이 야생초 비빔밥을 해 먹으면서 산야초 도감을 구해 본격적으로 야생초에 대한 공부를 병행했다. 특히 집 가까이 있는 흔한 야생초들부터.

이를테면 토끼가 잘 먹어서 그렇게 불리게 된 토끼풀은 두통과 지혈, 감기에 좋은 것으로 알려져 있고, 고추밭 고랑 같은 데 돋아나 매우 질긴 생명력을 자랑하는, 그래서 농부들이 아주 골치 아픈 풀로 미워하는 쇠비름은 암, 관절염, 심혈관 질환, 당뇨에 좋다고 하며, 울타리 밑이나 논밭 가에 돋아나 손등이나 팔뚝 같은 데 긁히면 심한 상처를 내어 사람들이 매우 싫어하는 환삼덩굴은 고혈압이나 위장 질환, 이질에 효과가 있을 뿐 아니라 이뇨작용도 도와준다. 아주 흔하디흔한 야생초 몇 가지를 예로 들었거니와 이 밖의 모든 야생초가 저마다 뛰어난 약성을 갖추고 있고, 요즘 천덕꾸러기 대접을 받던 쇠비름이나 개똥쑥 같은 것들은 진귀한 대접을 받고 있기도 하다.

그렇다고 내가 야생초에 관심을 갖게 된 것이 단지 건강에 대한 관심 때문만은 아니다. 그럼 그런 귀찮은 짓을 왜 매일같이 하고 사냐고?

첫째는 그렇게 흔한 풀들을 뜯어 먹으면서 '흔한 것이 귀하다'는 것을 자각하게 되었기 때문이다. 사람들은 흔치 않은 것을 귀하게 여기지 않던가? 흔치 않은 것을 귀하게 여기는 건 흔치 않은 것이 귀한 대접을 받기 때문이다. 더욱이 이 자본주의 시대엔 자본으로 환원할 수 있는 걸 귀하게 대접한다. 금은보화가 대접을 받는 건 그게 흔치 않은 물건들이기 때문이다.

어느 선사의 이야기가 떠오른다. 제자 한 사람이 물었다. "스승님, 세상에서 가장 귀한 것이 무엇입니까?" 스승이 대답했다. "죽은 고양이다." 제자가 의아한 눈빛으로 다시 물었다. "어찌하여 죽은 고양이 따위를 귀하다고 하십니까?" "값이 없기 때문이다." 오늘 내가 뜯어 먹는 풀은 모두 저절로 난 것들이며 전혀 비용이 들지 않는다. 하지만 그렇게 값이 없는 풀들이, 비용을 지불하지 않아도 되는 풀들이 나를 살린다. 값없이 누리는 햇빛, 달빛, 별빛, 공기, 아름다운 저녁놀, 무지개, 어머니의 사랑, 아기의 해맑은 미소가 우리를 살리듯이!

둘째는 흔한 것이 귀하다는 생각을 하다 보니, 우리가 사용하는 에너지에 관심을 갖게 되었는데, 흔한 에너지가 나를 살리고 지구별을 살릴 수 있을 거란 결론에 도달했다. 흔한 에너지라니? 아마도 눈치 빠른 이들은 내가 석유나 원자력 같은 에너지를 말하는 게 아니라는 걸 알아챘을 것이다. 석유자원이 한계치에 다가서고 있다는 건 누구나 아는 사실이고, 원자력도 인류의 미래 에너지로 사용하기엔 너무 위험해 부적합하다는 걸 늦었지만 다들 깨닫고 있다. 그러면 어떤 에너지? 아주 구하기 쉬운 흔해빠진 에너지. 값이 없지만 없어서는 안 될 소중한 에너지. 인류의 스승인 붓다가 자비라 일컫고, 예수가 사랑이라고 부른 에너지 말이다. 그렇다. 자비나 사랑은 우리가 마음만 내면 우리 주변에 흔하게 널려있는 야생초처럼 얼마나 구하기 쉬운가. 어떤 수도 자가 오늘날 "자비가 유배되어있다"고 말했거니와 우리가 나만 잘 살면 된다 는 탐욕과 어리석음을 여의고 마음을 돌이키면, 유배된 자비를 우리 삶 속에 다시 모실 수 있지 않겠는가.

모름지기 사람은 밥만 먹고는 살 수 없다. 우리의 밥에 자비와 사랑을 섞어 비 벼야 비로소 사람다운 삶을 살 수 있다는 걸 깨닫는다. 너무 흔해서 사람들 발 에 마구 짓밟히고 뽑혀 내동댕이쳐지는 초록의 혼들, 그렇게 풋풋한 것들을 내 몸에 모실 때, 나 또한 싱싱한 초록으로 지구 위에 나부낄 수 있다는 걸 깨 닫게 된 것처럼…….

고진하 시인(경향신문 2013. 8. 28)

야생초에 관한
재미있는 이야기

고양이와 괭이밥

옛날에 쥐약을 놓던 시절에, 배고픈 고양이는 쥐약 먹은 쥐도 잡아먹는 일이 있었다. 이때 쥐약 먹은 쥐를 먹고 고통으로 몸부림치던 고양이는 자기 몸을 해독하기 위해 어떻게 했을까.

고양이는 집 부근에 많이 자라는 괭이밥을 뜯어 먹고 토하고 뜯어 먹고 토하기를 여러 번 반복한 후에, 쓰러져서 2~3일 잠을 자고 일어나 건강을 회복했다고 한다. 그 풀의 이름이 괭이밥이 된 까닭이다. 이처럼 강력한 해독작용을 지닌 괭이밥은 사람 몸에 들어와서도 강력한 해독 기능을 한다고 하니 놀랍기만 하다. 너무 흔해 지나치기 쉬운 풀이 생명을 살리는 귀한 약초인 것이다. 물론, 모르는 사람에게는 야생초일 뿐이지만.

그리고 괭이밥은 불면증에도 좋은데, 흥미로운 것은 밤이 되면 잎을 접고 잠을 자는 식물들이 불면증에 효과가 있다는 것이다.

열 개의 태양과 쇠비름

옛날, 중국에서 전해오는 이야기이다. 하늘에 열 개의 태양이 나타나서 모든 강과 시냇물이 마르고, 강한 햇볕으로 땅이 거북이 등처럼 갈라지고, 곡식과 나무, 풀들이 타서 모두 누렇게 말라 죽었다. 이때 후예라고 하는 용기 있는 장수가 나타나 활 쏘는 법을 익혀서 태양을 향해 활을 쏘아 하나씩 떨어뜨렸다.

마지막으로 남은 태양은 쇠비름의 줄기와 잎 뒤로 내려와 숨어서 후예의 화살을 피할 수 있었다. 그 뒤로 태양은 쇠비름에게 은혜를 갚기 위해 뜨거운 뙤약볕 아래에서도 말라 죽지 않도록 해주었다고 한다.

호기심이 많은 나는 폭양이 쨍쨍 내리쬐던 날, 빨랫줄에 쇠비름을 꺾어 거꾸로 매달아놓고서 얼마나 오래 견디나 지켜본 적이 있다. 보름이 지나도 쇠비름은 시들시들해지면서도 말라 죽지는 않았다. 그때 나는 깨달았다. 태양의 정기를 흠뻑 받은 쇠비름은 정말 생명력이 강하다는 것을. 그러므로 뜯어놓으면 금방 시들어버리는 생명력이 약한 것보다는 강한 식물을 먹어야 우리가 건강해질 수 있다. 쇠비름은 전 세계에 널리 퍼져있는 식물로, 오메가3가 풍부해 서양에서도 샐러드 재료로 각광받고 있다.

말과 병사들을 살린 질경이

중국 한나라 광무제 때에 마무라는 이름난 장군이 있었다. 마무는 연속으로 승리를 거두며 도망가는 적을 추격하다가 가뭄과 기근을 만났다. 병사와 말들은 허기와 갈증, 그리고 심한 요혈증으로 아랫배가 볼록하고 피오줌을 누면서 차례로 죽어갔다.

그런데 그중에 말 세 마리만이 피오줌을 누지 않았다. 이상하게 여긴 마부(馬夫)가 유심히 살펴보니 이 말들은 이상한 풀을 뜯어 먹고 있었다. 그래서 마부는 그 풀을 뜯어다가 국을 끓여서 모든 병사와 말에게 먹였고, 하루쯤 지나자 피오줌을 그치고 기력을 되찾았다. 이 이야기를 전해 들은 광무제는 그 풀을 마차 앞에서 발견한 풀이라 하여 차전초(車前草)라 부르게 하였다. 차전초가 바로 질경이다. 질경이는 지금도 길바닥을 서식처로 삼아 자라고, 사람들 발에 밟혀서 제 종족을 널리널리 퍼뜨리고 있다.

동굴 속 처녀를 살린 냉이

겨우내 모진 추위를 견뎌내는 냉이, 사람 몸에 냉기와 한기를 몰아낸다는 냉이, 이런 냉이가 몸에 얼마나 좋은지 전해 내려오는 이야기가 있다. 옛날, 한 권력가의 집에 혼기가 찬 어여쁜 처녀가 있었는데 이 처녀에게는 사랑하는 총각이 있었다. 그러나 부모가 미리 정해놓은 사람과 결혼해야 할 지경에 이르자, 처녀는 집에서 도망쳐 나와 깊은 산속으로 들어가 동굴에서 18년 동안을 혼자 살았다. 부모는 집 나간 딸을 찾지 못했고, 그녀를 사랑하던 총각도 이 처녀를 찾지 못했다. 그렇게 동굴 속에서 혼자 사는 동안 이 처녀는 냉이를 뜯어 햇볕에 말려서 저장해두고 냉이만 먹고 살았다 한다. 18년이 지난 뒤에 처녀가 집으로 돌아왔는데, 몸이 조금도 여위지 않았으며 건강한 모습이었다고 한다. 이렇듯 냉이는 사람에게 필요한 대부분의 영양소를 갖추고 있다 하니, 이것이야말로 불로초가 아닌가 싶다.

윷가락을 삶아 먹다

한 약초꾼이 산속을 헤매며 약초를 캐다가 날이 저물었다. 마침 산속에 불 켜진 집이 있어 문을 두드리고 들어가니 한 중년 부인이 신부전증으로 앓아누워 있었다. 약초꾼이 사연을 들어보니 병원에서 혈액투석을 해야 살 수 있다고 했지만 돈이 없어서 혈액투석은 생각지도 못한다는 거였다. 옆방에서는 아이들이 싸리나무로 만든 윷으로 윷놀이를 하고 있었다. 그걸 본 약초꾼이 부인의 남편에게 말했다.

"저 윷가락을 진하게 달여서 그 물을 마시게 하면 효과를 볼 수도 있을 것이오."

부인의 남편은 곧 아이들이 가지고 놀던 윷가락을 달여 부인한테 먹였다. 과연 약초꾼의 말처럼 효험이 있어, 소변도 많이 나오고 퉁퉁 부어올랐던 몸의 부기도 빠졌다. 신기하게 생각한 남편은 다음 날 산에 올라가서 싸리나무를 베어 와 껍질을 벗긴 후 계속 달여서 부인에게 먹였다. 부인은 몸이 차츰 회복되었고 몇 달 후에는 집안 살림도 할 수 있게 되었다. 몇 년이 지나 약초꾼이 그 집에 다시 들렀을 때 부인은 건강을 완전히 회복한 상태였다고 한다.

야생초 채취시기 및
채취방법

각 야생초의 채취시기는 식용으로 먹기 좋은 때를 표기한 것이며 중부지방을 기준으로 작성한 것입니다.

· **갈대**(가을~초겨울) ·
뿌리를 캔다

· **개똥쑥**(4~5월) ·
연한 잎을 딴다

· **개망초**(3~9월) ·
연한 잎을 딴다

· **고마리**(7~8월) ·
연한 줄기와 잎을 딴다

· **광대나물**(3~4월) ·
연한 줄기와 잎을 딴다

· **괭이밥**(5~9월) ·
연한 줄기와 잎을 딴다

· **까마중**(5~7월) ·
어린잎을 딴다

· **꽃다지**(3~4월) ·
잎의 밑동을 자른다

· **꿀풀**(6~8월) ·
연한 잎과 꽃을 딴다

· **냉이**(늦가을~4월초순) ·
잎과 뿌리까지 뽑는다

· **달개비**(5~9월) ·
연한 줄기와 잎을 딴다

· **달뿌리풀**(가을~초겨울) ·
뿌리를 캔다

· **돌콩**(5월 중순~9월) ·
연한 잎을 딴다

· **메꽃**(6~8월) ·
뿌리를 캔다

· **명아주**(5~6월) ·
어린잎을 딴다

· **모시물통이**(6~9월) ·
연한 줄기와 잎을 딴다

· **뱀딸기**(6~7월) ·
열매를 채취한다

· **뱀밥**(3~4월) ·
기둥의 밑둥을 뽑는다

· **벼룩나물**(4~5월) ·
어린 줄기와 잎을 채취한다

· **별꽃**(4~5월) ·
어린 줄기와 잎을 채취한다

· **별꽃아재비**(5~6월) ·
어린 줄기와 잎을 채취한다

· **뿌리뱅이**(5~6월) ·
잎의 밑동을 자른다

· **새삼**(8-9월) ·
실같이 퍼져있는 줄기를 당기듯 채취한다

· **소루쟁이**(3월 중순~4월) ·
어린잎의 밑동을 자른다

· **속속이풀**(4~9월) ·
어린 줄기와 잎을 딴다

· **쇠별꽃**(4~7월) ·
어린 줄기와 잎을 딴다

· **쇠비름**(5~9월) ·
연한 줄기를 딴다

· **수영**(4~5월) ·
잎에 붙어있는 줄기의 밑동을 뽑는다

· **싸리**(7~9월) ·
잎과 꽃을 딴다

· **쑥**(4~6월) ·
어린잎의 밑동을 자른다

· **엉겅퀴**(4월) ·
어린잎의 밑동을 자른다

· **왕고들빼기**(6~9월) ·
연한 줄기와 잎을 딴다

· **우슬초**(5~7월) ·
연한 잎이나 뿌리를 캔다

· **종지나물**(5~6월) ·
연한 잎을 딴다

· **지칭개**(3-4월) ·
뿌리를 캔다

· **질경이**(4~10월) ·
잎의 밑동을 자른다

· **토끼풀**(4월 중순~9월) ·
연한 잎을 딴다

· **환삼덩굴**(4~8월) ·
연한 잎을 딴다

참고문헌

조지프 코캐너, 《잡초의 재발견》, 우물이있는집, 2013

이나가키 히데히로, 《도시에서, 잡초》, 디자인하우스, 2014

이나가키 히데히로, 《풀들의 전략》, 도솔오두막, 2006

스티븐 해로드 뷰너, 《식물의 잃어버린 언어》, 나무심는사람, 2005

최진규, 《약이 되는 우리 풀·꽃·나무》, 한문화, 2014

재단법인 민족문화추진회, 《산림경제》, ㈜민문고, 1967

장치청, 《황제내경, 인간의 몸을 읽다》, 판미동, 2015

장준근, 《몸에 좋은 산야초》, 넥서스BOOKS, 2009

김동성, 박수현, 《잡초(형태·생리·생태)》, 이전농업자원도서, 2009

류시성, 손영달, 《사주명리 한자 교실, 갑자서당》, 북드라망, 2011

오로지, 《한국의 GMO 재앙을 보고 통곡하다》, 명지사, 2015

야생초 밥상

—

초판 1쇄 발행 2022년 10월 10일

지은이 권포근, 고진하
사진 고은비
펴낸이 한종호
디자인 임현주
인쇄·제작 미래P&P

펴낸곳 꽃자리
출판등록 2012년 12월 13일
주소 경기도 의왕시 백운중앙로 45, 207동 503호(학의동, 효성해링턴플레이스)
전자우편 amabi@hanmail.net
블로그 http://fzari.tistory.com

—

ISBN 979-11-86910-43-6 03590
값 30,000원